世界上最美的
100幢房子
100 of The World's Best Houses

【澳大利亚】凯瑟琳·斯莱塞（Catherine Slessor）编
秦传安 译

中央编译出版社
CCTP Central Compilation & Translation Press

导 言

无论是在建筑史上，还是在人类的文化想象中，私人住宅都占据着一个独一无二的位置。房子，也就是家，既是心灵的庇护之所，也是遮风挡雨的藏身之地。它是家庭（以及家庭的很多现代变种）的交流之地，是家庭活动的场所，是生活、工作、吃饭、睡觉的地方，既是公共领地，也是私人领地。城市和社交所带来的快乐显而易见，但人人都梦想有一个家。

整个西方世界，私人住宅的流行在20世纪依然盛行不衰。但即便如此，当前传统式住宅（一系列公共活动室和分开的卧室）的普遍存在依然充满了矛盾。正如美国建筑评论家泰伦斯·瑞莱（Terence Riley）所指出的那样，构成私人住宅发展之基础的社会条件和社会结构——私密性，生活与工作的分离，家庭及家庭生活本身的特性——全都彻底改变了。过去50年的变化，大概比之前4个世纪的变化还要大；当时，私人住宅作为一种大众类型的建筑开始得到发展。一批新的引人注目的住宅设计——由一些思想前卫的客户所委托——不仅在回答关键性的建筑问题，而且还诉诸私人住所的文化特性。

从历史上讲，建筑师们关注的是为标准核心家庭（由父母和儿女组成）建造房子。如今，家庭有多种类型——多代家庭，合作团体，无儿女的夫妇，单亲家庭，等等——私人住宅的文化和社会定义正在经历巨大的改变，这一变迁本身可以充当建筑发明的刺激性因素。在这一变化发生的那段时期，建筑也通过极大精细化了的新技术和新材料的资源而得以推动。加上社会范式和家庭结构的改变，技术发展的步伐为家庭生活中的另一场深刻革命奠定了基础。计算机技术和互联网访问日益增长的实用性，确保了对发达世界的很多人来说，家也是一个主要的工作场所。就建筑而言，家庭作为工作场所的重新发明，既涉及空间的组织（介于工作和家庭活动之间），也涉及机械工程学的领域，因为住宅成了“有线的世界”，以回应日益增长的对电子数据和服务的需要。

支撑住宅发展的另一个方面——尤其是自1970年代能源危机以来——是环境响应型设计的出现。人们为私人住宅拿出了很多创新计划，一些计划也为原型解决方法提供了一个有用的起始点。特别是在德国和斯堪的纳维亚国家，那里人们的环保意识很高。这反映在一些家庭计划中，包含积极的和消极的环境控制措施，使用玻璃暖房和太阳能电池板，为的是从阳光中吸收能量。这种具有生态意识研究的结果最终注入了未来住房规划的设计，说明了一次性的计划如何能够为适用性更广泛的解决方案充当一个重要的测试。

因为住宅规模相对较小，这为正式的空间实验和材料实验提供了广阔的天地。建筑目睹了一次强有力的向私人别墅的回归，恰好也有这种客户：这样的委托，可以提供一个创造性表达的水平，通常可以把它与规模更大的公共建筑联系起来。想象力的支持对这个过程是至关重要的。本书中描述的所有房子，其委托人都很开明，给建筑师充分的自由，去试验他们的构想。结果是成就了一系列令人难忘的、很有创意的建筑。

对客户来说，目标是要创造一个庇护和刺激的地方；对建筑师来说，房子既是护身符，也是试验场。尽管有社会、文化和技术的变化所带来的持续影响，但基本的住房设计理念依然是恒久不变的。然而，恰恰因为它如此彻底地广为人知，建筑师才能充分表达他们的创造力。住宅那近乎神圣的简单，也使得它成为一种（多半是唯一一种）这样的建筑类型：在这种建筑中，一个建筑师能够完全行使对设计的控制权，并建立一种真正亲密的客户关系，摆脱开发商、成本经理和官僚主义者的约束性影响。

住宅设计的不同途径在世界上的不同地区可以看到。在美国和澳大利亚，一幢私宅被看作是一个强有力的成功标志，这一点不同于（比方说）英国，在那里，一幢私宅被视为第一代祖先的家。尤其是在澳大利亚，住宅开始带有一种强烈的地区身份的意义，通过材料的使用，对气候和场地作出反应。一些最引人入胜的家庭住所正在日本建成，在那里，空间的限制和欣然接受激进观念的意愿，扩大了传统建筑思想的边界。

田园理想的诉求及其在住宅设计中的反映依然盛行，正如富裕的城市居民在大自然的辉煌壮丽中寻求慰藉一样。很多房子不是凌驾于自然背景之上，而是与之融为一体，和谐相处，偏爱简单、基本的形式——盒子，平行的墙壁和棚顶（尽管经过了改进），以及开阔的透明区域。建筑通常构造并引导景观，允许地形在周围起伏波动，在建造的结构之间甚或之下。即使在密集的城市，以及不那么迷人的郊区和农业地区，建筑与场地的关系也是一个关键的形式产生者。

本书中展示的住宅，大部分是为富裕的客户设计的。但是，正如建筑中经常出现的情形那样，富裕的客户（私人也好，公家也罢）往往给建筑想象力定调子。建筑师的创造发明，对其他类型的住宅来说是很好的借鉴：在建筑群中，在庭院露台中，以及在单独的地块上。想象力通常表现在很多方面：关于空间、材料，以及我们对大自然的理解和欣赏，还有不断变化的家庭的社会动态。在最根本的意义上，它是创造空间的。住宅转变成了客户和建筑师个人表达的手段，既是梦想的宝库，也是梦想的实现。

凯瑟琳·斯莱塞（Catherine Slessor）

《建筑评论》（*The Architectural Review*）杂志执行主编

目录

目 录

特劳特工作室（Trout Studios）

第11号山丘住宅

美国，加利福尼亚，圣莫尼卡

客　　户：萨利耶・特劳特（Sallie Trout）及其家人
房屋面积：2400平方英尺／223平方米
场地面积：6000平方英尺／557平方米
材　　料：专威特外墙，水泥，灰泥，砂岩，竹子地板材料，薄铅板，蓝灰砂岩，波罗的海桦树，玻璃

从外部看，引人注目的深蓝色和多种材料构成的屋顶线为轻松活泼而不同寻常的设计设定了舞台。专威特（一种色彩饱满、类似水泥的材料）覆盖着整个建筑；它明亮的色彩是如此稳定，以至于根本用不着重新油漆。低矮的水泥步行道，连同定制设计的红木和钢质围栏，把风景围了起来，包括墨西哥垂竹、薰衣草、迷迭香、亚麻、春黄菊、鼠尾草和茉莉。水泥步行道被蓝色的玻璃球和铸铁尖角星所强调。

内室更多地是通过地板材料的变化、而不是通过构筑墙来描绘。竹子地板定义了起居室、家庭办公室和私室，而带有凸压纹的、不含PVC的橡胶弹性地板，则以曲线图案嵌在厨房和用餐区。

一道很大的弯曲墙壁带有灯光壁龛，展示了艺术陶瓷的收藏。设计中所容纳的其他藏品包括铸铁玩具、吉他、雕塑和摄影。

① 醒目的深蓝色和多种金属屋顶轮廓线为活泼而不同寻常的设计奠定了基础

② 特劳特以装饰性五金件而著称，他用丢弃的铸铁工业零料制作了餐具柜的拉手

③ 特劳特的“动物”雕像各自放置在自己的铁质底座上，位于主卧室壁炉的上方

④ 带有尖角壁炉的起居室无缝通向用餐区

⑤ 浴室的部件陷在一个木雕底座上，垂直的镜柜通过顺时针方向旋转来打开

⑥ 二楼的主套房宽敞而通风，有涂层中纤板储物单元拼成的“墙壁”

摄影：汤姆·邦纳（Tom Bonner）

A．J．戴蒙德和唐纳德·施密特公司
(A．J．Diamond，Donald Schmitt and Company)

阿伦布雷拉

西印度群岛，圣文森特和格林纳丁斯，马斯蒂克岛

房屋面积：10000平方英尺/929平方米
场地面积：5.5英亩/2.2公顷
材　　料：白色雪松，绿心木（圭亚那），蚁木（巴西），混凝土，水泥，粉饰灰泥，桃花心木，玻璃镶嵌砖

阿伦布雷拉位于马斯蒂克岛，那是西印度群岛格林纳丁斯的一个私人拥有的岛屿。这个1800英亩（728公顷）的小岛发展成了世界上最奢华的度假胜地之一。而且，在它充分发展的时候，它所拥有的别墅和小酒店也不会超过100座。

这幢住宅是一个5间卧室的建筑群，占地10000平方英尺（929平方米）。它被组织为一系列更小的亭阁和娱乐设施，被风景花园和露台连在一起，被排列得能够利用大山顶上的景观。分开的组成部分包括起居阁（有很大的面积供餐饮和娱乐）、卧室、客房和厨房，这一切都围绕中心露台排列。场地组成部分包括车库、职员宿舍、游泳池、可以通到楼梯的海滩和网球场。

这幢住宅充分利用了它漂亮的场地，在考虑到了户外生活方式的同时，也提供了奢华的隔离设施和私密性。

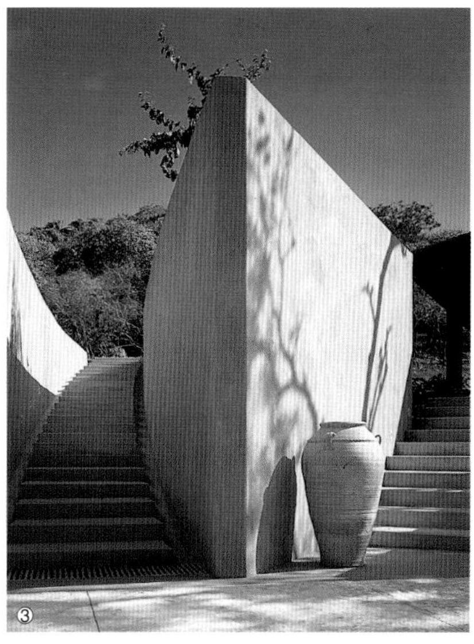

① 起居阁阳台
② 游泳池和凉亭
③ 通往入口和卧室区的阶梯
④ 起居阁，带有斜椽结构的平顶镶板
⑤ 装有百叶窗的起居阁

摄影：史蒂文·埃文斯（Steven Evans）

卡纳建筑师事务所（Kanner Architects）

安布罗西尼／纽的住宅

美国，加利福尼亚，洛杉矶

房屋面积：3500平方英尺／325平方米

场地面积：4500平方英尺／418平方米

材　　料：钢框架和木框架，水泥灰泥和粉饰灰泥，陶瓷锦砖，装饰石板，铝合金店面系统，带有道格拉斯冷杉木质活动门窗

持久，实用，价格合理，现代，温暖——这些都是客户为他们在洛杉矶的新家提出的最重要的要求。客户本人是专业人士，两口子50多岁，没有孩子。他们热爱音乐，并喜欢在自己家里举办音乐会。

小两层结构回应了一系列实用问题：街道朝向，背后山坡的景观，照明，隐秘，对烹调的热爱，以及预算。从美学上讲，它受到了很多现代主义者和附近一些个案住宅的影响。

巨大的玻璃区域（从街道上看不见）使每一个房间都能看到远处的群山和峡谷。L形的平面图在场地上旋转，以获得最佳的景观，并扩大紧挨着底层卧室的南侧院。临街正面故意设计得很长，有雕塑，不透明。这帮助缓和了大路上的喧嚣，并创造了私密空间。

主要目标是要创造一种有节制的现代主义设计，以回应它的峡谷背景。一间两层高的起居室，作为一个微型音乐厅在听觉上加倍了，而宽阔的户外睡觉平台使得房子更加可塑。

① 后正面通向有露台的院子
② 沿街正面
③ 厨房／主卧室侧翼的布局
④ 主卧室转角窗局部
⑤ 入口局部

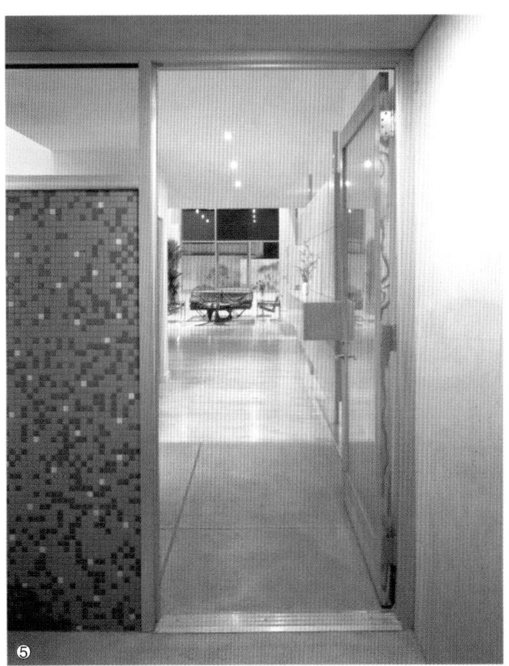

⑥ 两层高的起居室内部
⑦ 第一层平面图
⑧ 底层平面图
⑨ 餐厅和入口区，被“漂浮的”墙壁分开
⑩ 厨房

图片：卡纳建筑师事务所(courtesy Kanner Architects)提供

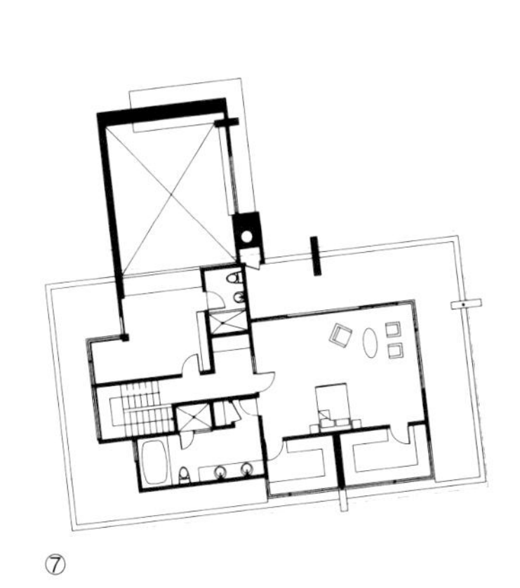

⑦

⑨

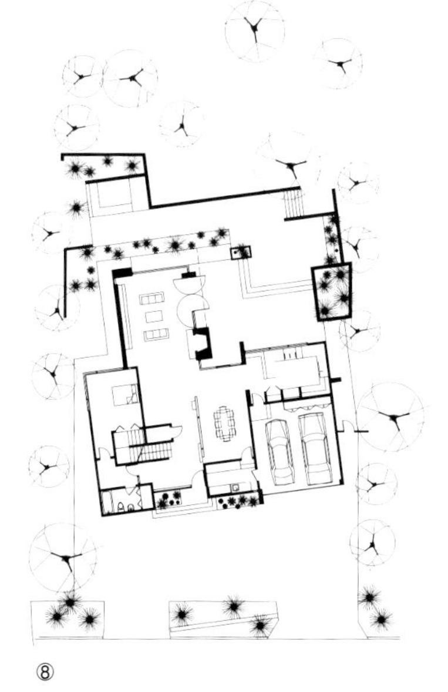

⑧

⑩

布鲁克斯·斯泰西·兰达尔建筑师事务所
(Brookes Stacey Randall, Architects)

艺术屋

英国，伦敦

房屋面积：4854 平方英尺 / 451 平方米
场地面积：5651 平方英尺 / 525 平方米

当客户购买这处房产的时候，它的状况非常糟糕，需要大规模的修补和改造，以实现他的要求。这项工作包括内部的整体拆除、巩固地基、降低底层和创造新的地下室。

设计试图最大化空间感，利用材料的调色板和振奋人心、令人愉快的色彩。房子通过一个不显眼的入口从街道进入，而街道并没有提供场地的规模感。从入口区，客人被领向三层高的画廊，这个画廊是为了展示艺术品而设计的。

转过了拐角，你才意识到，空间如何流动，进入了作为家庭社交中心的中央空间。这个设计包括精心设计的视觉斜线，以展现某些特殊点上最大可能的空间感。两个院子都可以从这间“起居室”中看到，大院子把贯穿整个院子的法国石灰岩格式化了，仅仅被开放式玻璃墙分开。在天气温和的时候，玻璃墙折叠起来，以便畅通无阻地进入和欣赏整个场地。悬浮的烟囱是红色的磨光灰泥做成的，悬停于起居空间的上方。这个烟囱悬挂在屋顶结构上，没有明显的支撑手段，创造了通过火焰看到的景观。

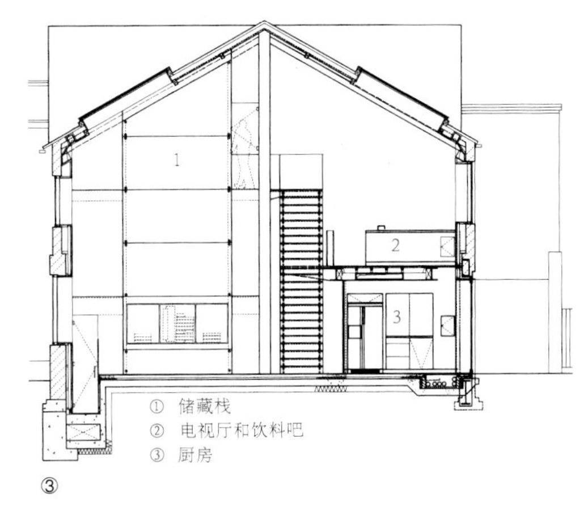

① 从玻璃桥上看到的中央空间
② 从玻璃阶梯上看到的主空间
③ 朝向储藏栈的剖面图
④ 中央空间
⑤⑥ 玻璃桥连接两个夹层空间

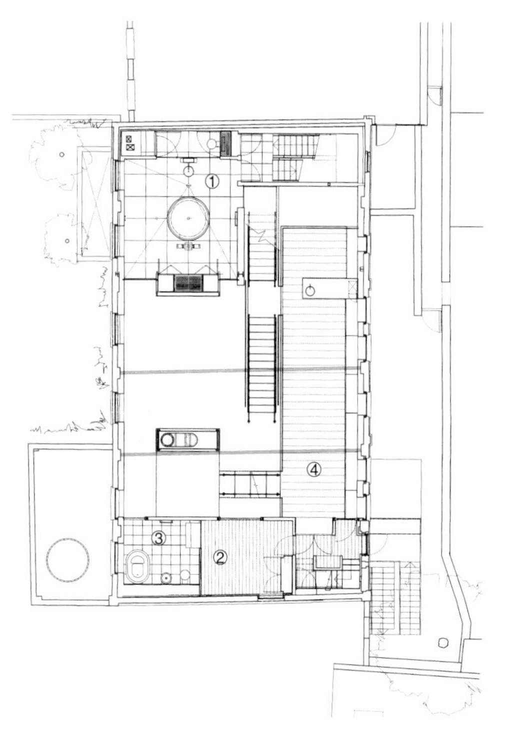

⑨

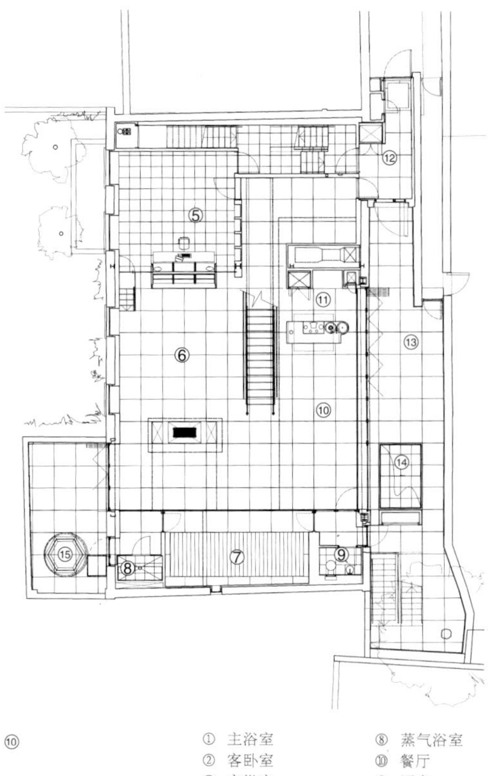

⑩

① 主浴室
② 客卧室
③ 客浴室
④ 电视厅和饮料吧
⑤ 书房／办公区域
⑥ 起居室
⑦ 健身房
⑧ 蒸气浴室
⑩ 餐厅
⑪ 厨房
⑫ 入口
⑬ 外餐厅
⑭ 倒影池
⑮ 热浴盆

⑦ 储藏栈服务于书房、浴室和主卧室
⑧ 厨房区域看到的主空间
⑨ 第一层平面图从
⑩ 底层平面图
⑪ 饮料吧
⑫ 书房
⑬ 主卧室
⑭ 主浴室

摄影：理查德·戴维斯（Richard Davies）

间隙工作室（SPATIUM）

新艺术别墅

意大利，瓦雷泽，圣山

房屋面积：9332平方英尺／867平方米

场地面积：52744平方英尺／4900平方米

材　　料：花岗岩立柱，小卵石，黑色和白色的大理石，马赛克，橡树和胡桃木镶木地板，粉饰灰泥，彩绘帆布

这幢别墅始建于1901年，位于瓦雷泽地区的圣山中，这个地方曾经是度假胜地和矿泉疗养地。在1980年代末，它的修复只完成了一半，其目的在于使这幢建筑的新艺术风格与现代运动的理性严谨相协调。对于内部，选择了黑白对比的几何格栅图案，作为对约瑟夫·霍夫曼（Josef Hoffmann）的引用，很容易实现。

10年之后，新一轮的重建和内部设计完成了，老住宅的起居空间翻了一倍。乍一看，能够得到强烈对比的印象，这取决于视点的不同。最初的空间过去被稀释了（现在依然如此），目的是要把注意力引向室外。相反，新的空间则反其道而行之，把风景带入室内。有壁画墙的"冬季"起居室与老的、更加空荡荡的"夏季"起居室形成鲜明对照。新一轮重建的一个特征是一幅错视画派的作品，描绘了一道装饰着石榴树的壁柱栅栏，透过这道栅栏，你可以看到远处的风景。

①

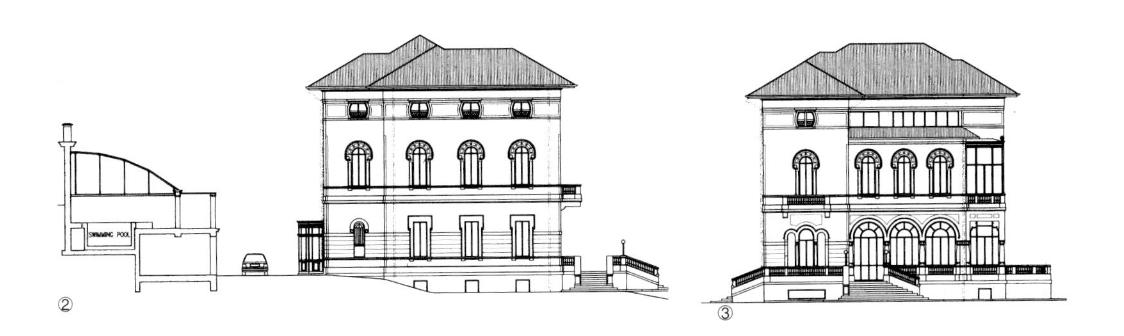

②

③

④

⑤

① 别墅被一个占地4600平方米的花园所环绕
② 西立面图
③ 南立面图
④ 三层窗，带有混凝土装饰图案，是正面的典型特征
⑤ 暖房中的游泳池

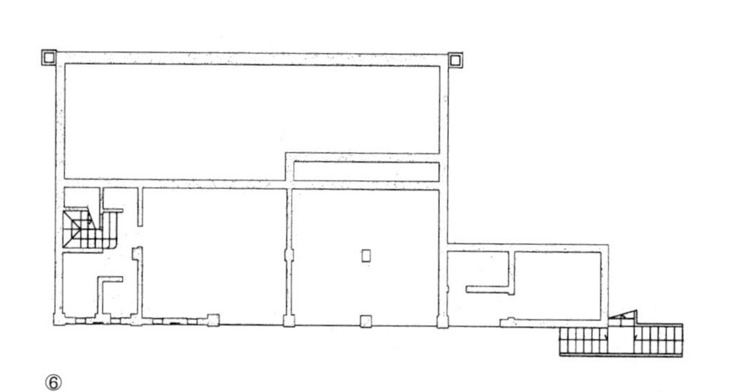

⑥

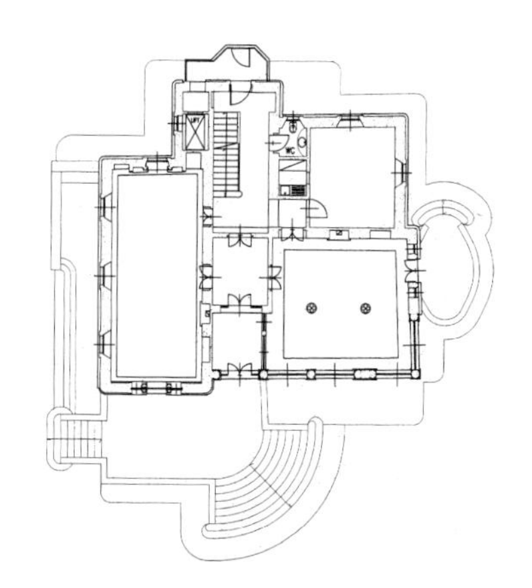

⑦

⑧

⑨

⑩

⑥ 底层平面图
⑦ 冬日起居室的技术和古风
⑧ 菱形图案的地板和绘有壁画的墙壁，与天花板形成鲜明对照，桌子是由洛克·麦格诺利（Rocco Magnoli）设计的
⑨ 落地窗把注意力引向户外的风景
⑩ 和式几何与霍夫曼风格陪衬了厨房家具
⑪ 起初的狭窄大厅与相邻的阳台结合在一起

摄影：埃齐奥·普兰迪尼（Ezio Prandini）

49 建筑师事务所（Architects 49）

卡莫诺拉瑟普住宅

泰国，清迈，湄林区

泰国，清迈，湄林区室内由业主自己设计

客　　户：坤猜拉·卡莫诺拉瑟普（Khun Chairat Kamonorrathep）

房屋面积：2637 平方英尺 / 245 平方米

材　　料：钢筋混凝土，磨光水泥，木质和灰泥砖墙，木瓦屋顶

这幢周末度假休闲娱乐的房子是为一对没有儿女的新婚夫妇修建的，它距离古老的清迈市中心 20 公里（12.4英里），坐落于一个山坡上，群山环绕，溪水潺潺。

设计无论在排列还是在外观上都是传统的。布局简洁而干净，非常适合于休闲娱乐。建筑（室内）和风景与环境相和谐，周围有很多传统的泰国住宅。层层叠叠的屋顶表示了房子的民间风格诉求。

这幢房子有适合于热带建筑的有效通风设施，吸纳了荫凉，使直射的阳光和热改变方向，并保护室内免遭雨淋。材料的使用包括传统的本地产品，比如用作木瓦屋顶、立柱、天花板、门和窗户的柚木，连同某些赤陶墙砖。

平面图大体上是泰国北部住宅的典型，房子的中央有一个水池。客房是一个改造过的米仓，娱乐空间来自传统的亭阁。房子最好的景观，是从主楼（起居室、多功能区和游泳池坐落于那里）背后，可以呼吸新鲜空气，欣赏稻田美景，以及环绕的群山。

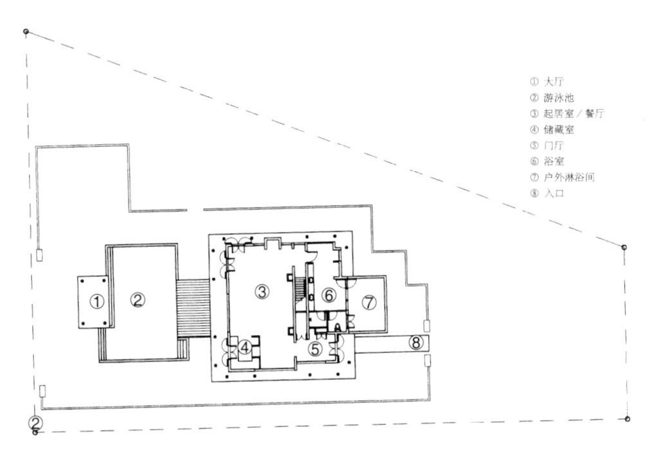

① 中院的游泳池
② 底层平面图
③ 入口大门
④ 老米仓
⑤ 南面的风景

⑥ 主入口
⑦ 从起居室看到的景色
⑧ 起居室
⑨ 通向上层的楼梯
⑩ 起居室

摄影：剪影工作室
(Skyline Studio)

莱克／弗拉托建筑师事务所（Lake/Flato Architects，Inc.）

巴特利特住宅

美国，科罗拉多，松林堡

房屋面积：6500 平方英尺／604 平方米

场地面积：2.3 英亩／1 公顷

材　　料：轻钢框架，本地产的帝王石，甘尼森花岗岩，科罗拉多砂岩，磨光灰泥墙和天花板，铜和橡木天花板，铜屋顶和墙，白橡木橱柜和地板

这幢房子的设计，创造了一系列各种不同的起居空间，依照场地的外形，被一条沿山脊边缘延伸的南北画廊连接起来。朝东的客房挖进了斜坡里，被土屋顶所覆盖，通向阳光充足的庭院和门厅。朝西的公共亭阁大胆地栖息在陡峭的场地上，它们高耸的屋顶和广阔的玻璃区域提供了开阔的视野，将美景尽收眼底。在画廊的北端，主套房被设计得可以像单独的一翼来操作，为业主创造了私密的空间。

石头、钢铁与玻璃之间的对话，使房子牢固地扎根于土地之中，并模糊了内外之分。为了增强这一关系，一系列精心设计的开放空间——庭院、门厅和窗户——使人可以瞥见周围的环境。这一关系，在一个有石头地板的户外中心轴上达到极致，它没有门槛，从画廊向外经过大的玻璃滑槽门。

场地的发展被构想为一系列室外和室内空间，从入口通道开始，向下经过斜坡，继续通过房子，进而通过中心轴延伸到外面。从这里，台阶向下通到火坑，然后蜿蜒向下，沿着斜坡到达临近采石场积水池的洞穴。

① 入口步行道，房子半隐半现地掩映在风景中
② 东立面图
③ 透明起居阁的薄钢框架
④ 玻璃起居阁栖息在岩石桥上
⑤ 玻璃入口顶棚，能瞥见外面的风景
⑥ 场地／底层平面图
⑦ 客房，有土屋顶和开放式庭院

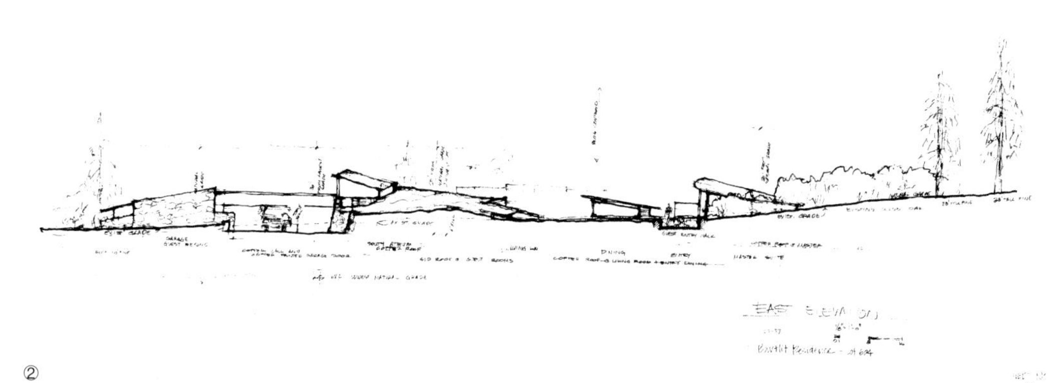

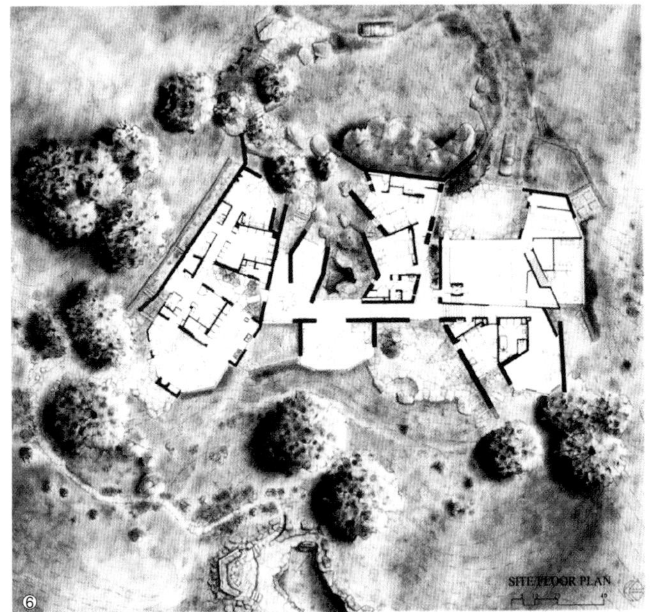

① 入口
② 餐厅
③ 厨房
④ 家庭活动室
⑤ 办公室
⑥ 浴室
⑦ 主卧盥洗室
⑧ 主卧盥洗室
⑨ 主卧室
⑩ 起居室
⑪ 卧室
⑫ 卧室
⑬ 露台
⑭ 卧室
⑮ 健身设施
⑯ 车库
⑰ 雇员的住处
⑱ 游泳池

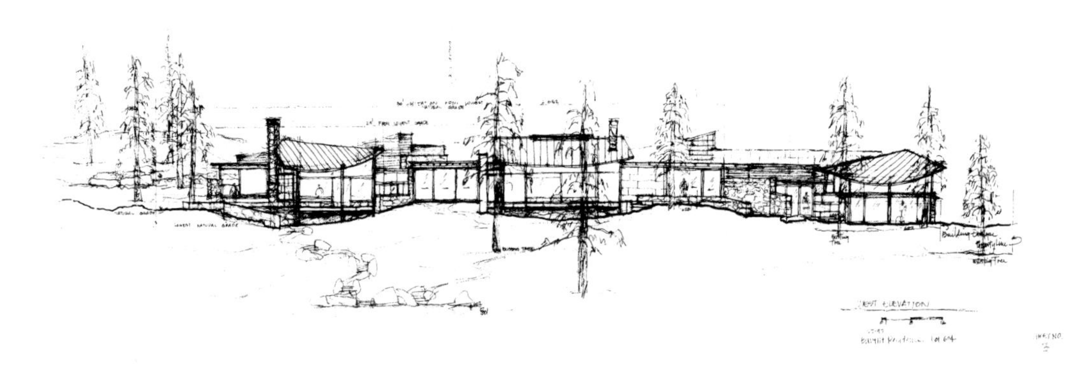

⑧ 西立面图
⑨ 花岗岩拥壁穿入室内
⑩ 悬臂钢支架，带有穿孔的铜质遮阳板
⑪ 亭翼屋顶和活动窗，可以接纳微风

摄影：赫斯特＋哈达威摄影师工作室
(Hester+Hardaway Photographers)

布赖恩·希利建筑师事务所（Brian Healy Architects）和
迈克尔·瑞安建筑师事务所（Michael Ryan Architects）

海滨别墅

美国，新泽西，长滩岛

长滩岛是新泽西中部沿岸一个很小的屏障岛，主要用作避暑胜地。这块场地坐落于大西洋上这座小岛的北部边缘，海湾的自然曲线提供了朝北的远景。这块地在一条小路的末端，紧邻着一条穿过沙丘、走向海滩的普通步行道。

像很多小岛一样，街道在形成地方体验上像海滩一样有影响力。房子通过承认并增强街道和海滨的共同边缘，从而挑战了临近房屋的自治。在这个过程中，这幢建筑在街道垂直的墙壁与海洋强有力的水平面之间起到了调和的作用。建筑物依赖于它与这片风景之间的关系，依赖于建筑物各组成部分的接合，以及对色彩的使用，这样的色彩有它的时空效应，以及与场地的共鸣。

在街道的尽头，建筑物以城市的姿态延伸，与街道相衔接。在这样做的过程中，它在海滩的入口创造了一个陡峭的公共平台。房子沿着街道维持了一个矜持的存在，同时建筑物本身向沿岸的景观敞开了自己。

一个玻璃亭子包含了主要的社交空间，主卧室坐落于上层。客人的住处和次卧室被集中在单独的一翼，或称“旅客旅馆”。主起居区抬升到了地平面之上，以利用景观和微风。木质百叶板提供了防晒保护，遮挡上午的太阳。

①

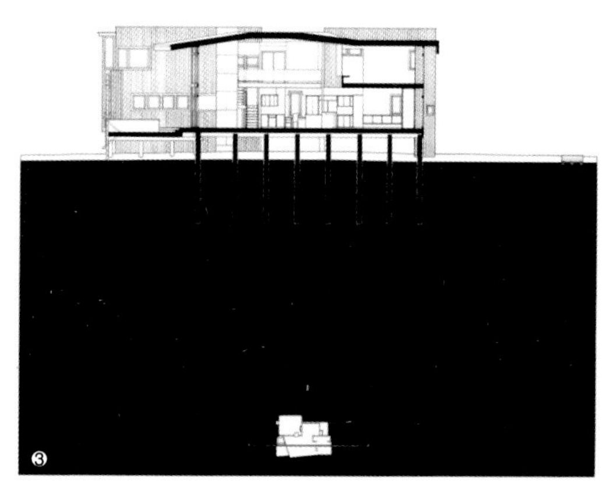

① 从海滩朝西北方向看到的别墅景观
② 南立面图
③ 建筑剖面图，从西边看到的主起居区和主卧室的剖面
④ 主起居区的外平台景观
⑤ 从公共人行道朝海滩方向看到的别墅景观
⑥ 入口庭院

⑦ 主起居区，其上面是主卧室
⑧ 主卧室局部
⑨ 第二层平面图
⑩ 厨房，上面是主卧室
⑪ 从西面看到的主楼梯和阳台
⑫ 厨房和用餐区局部

摄影：保罗·沃奇奥（Paul Warchol）

⑧

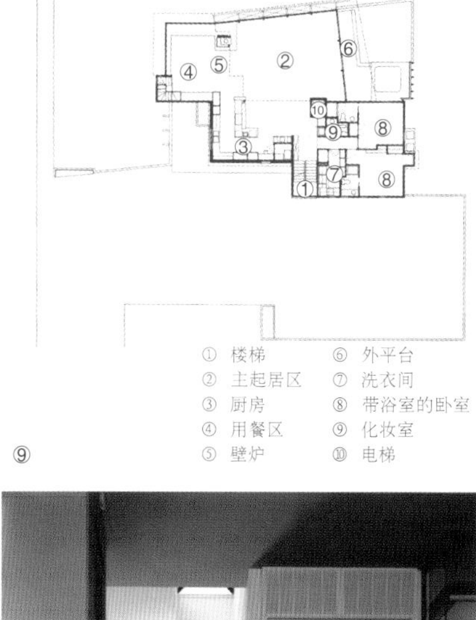

⑨

⑩

⑪

⑫

赫伯特 · 贝克哈德和弗兰克 · 里奇兰建筑设计事务所
(Herbert Beckhard Frank Richlan & Associates)

贝克哈德别墅

美国，纽约，格伦科夫

① 暮色中的南立面图
② 设计效果透视图
③ 56 英尺玻璃墙，与白色壁板形成鲜明对照
④ 楼层平面图
⑤ 起居室，带有粗石壁炉墙

摄影：尼克 · 惠勒（Nick Wheeler，1、5），
本 · 施奈尔（Ben Schnall，3）
绘图：斯坦利 · 艾伯克龙比（Stanley Abercrombie，2）

客　　户：埃莉诺和赫伯特·贝克哈德
房屋面积：2800 平方英尺／260 平方米
场地面积：1 英亩／0.4 公顷
材　　料：蓝灰砂岩地板，未打磨柏树板天花板和墙壁，散石壁炉墙和石膏板墙，散石墙壁，玻璃，柏树壁板，彩绘板和压条木墙板，沥青和砂砾屋顶。

赫伯特·贝克哈德为自己和家人设计了这幢房子，现有的园景树在决定房子的规划上是一个主要因素。贝克哈德保留了6棵壮观的大树，把平面图编织进了这些大树之间的空间里。房子前后独立式的散石外墙与周围的自然环境相协调。墙壁清楚地传达了石头的很多微妙色调、崎岖不平的纹理和与众不同的形状。它们提供了私密空间，创造了户外的“房间”，包括一个入口庭院。

落地玻璃窗的巨大空旷，几乎使室内扩大到了把庭院和花园包括进来。起居室拥抱着入口庭院，事实上本身就是另一个房间。在后面（或者说南面），有一道低矮的石砌拥壁，距离玻璃窗大约12英尺（3.6米），定义了起居室和餐厅那边的空间。屋后一道更高的外墙给紧挨着起居室的主卧室提供了私密性。

屋内自然材料的使用进一步强调了室内和室外之间的对话。一道令人印象深刻的散石墙／壁炉把起居室、用餐区和厨房分隔开了。室内主要区域的特征是天花板和很多用蜂蜜色未打磨柏树板做成的墙壁，以及有着自然裂缝的蓝灰砂岩地板。

房子被分为3个区域。主卧室套房、起居室、餐厅和厨房组成了第一区域。靠东面孩子们使用的单独的一翼组成了第二区域。每个孩子的房间都有落地玻璃滑窗，可以直接通到室外。第三区域是车库和相邻的客房。

②

③

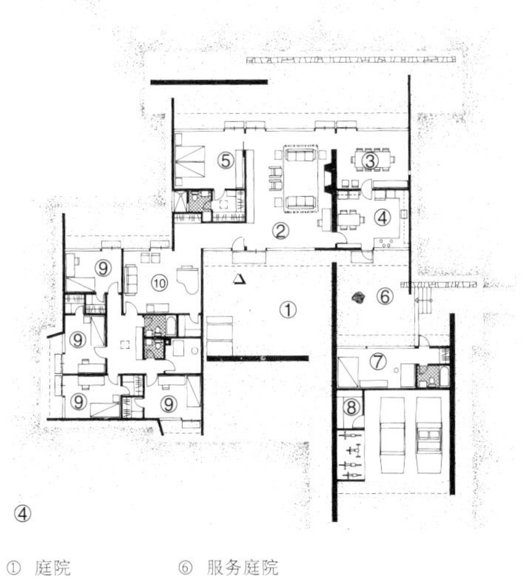
④

⑤

① 庭院　⑥ 服务庭院
② 起居室　⑦ 客卧室
③ 餐厅　⑧ 储藏室
④ 厨房　⑨ 孩子的卧室
⑤ 主卧室　⑩ 孩子的起居室

雷姆·库哈斯（Rem Koolhaas），大都会建筑事务所
（Office of Metropolitan Architecture）

波尔多住宅

法国，波尔多

①

房屋面积：5382 平方英尺 / 500 平方米

材　　料：混凝土，钢，铝，玻璃

这幢房子是专门为一个常年坐轮椅的丈夫和他妻子设计的。这对夫妇在山上购买了一块能看到城市全景的地，吩咐建筑师设计一套复杂的住宅，而不是简单的住宅，来界定丈夫的世界。

建筑师设计了一套实际上由三座叠加起来的房子所组成的住宅。最矮的是一系列从山上切割出来的洞穴，供私密的家庭生活使用。最高的一层被分为两个区域，一个区域供这对夫妇使用，另一个区域供他们的孩子使用。最重要的一层是夹在中间的一个房间——一半在内，一半在外——它几乎是看不见的。

丈夫有他自己的房间或平台，一个9.8 × 11.6英尺（3 × 3.5米）的电梯，在三个不同的楼层之间移动，随着楼层之间的每一次移动，设计和功能都在改变。一道单墙紧挨着电梯，贯穿各楼层，包含了丈夫可能需要的每一样东西——书、艺术品和来自地窖的葡萄酒。

电梯是房子的核心，随着它的每一次运动，建筑都在改变。

① 外部景观　③ 圆形花园

② 支撑结构　④ 曲径通幽

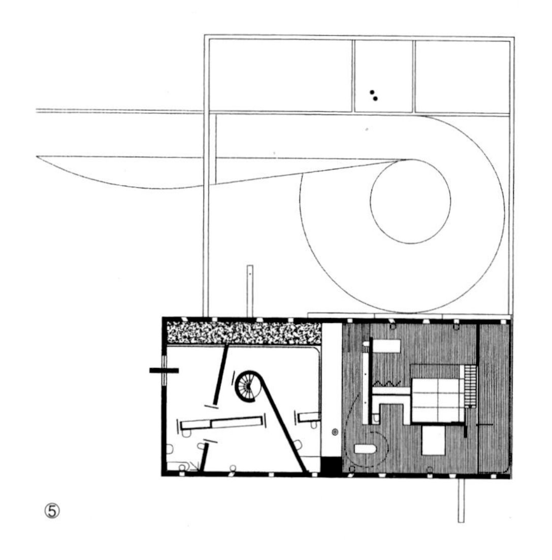
⑤

⑥

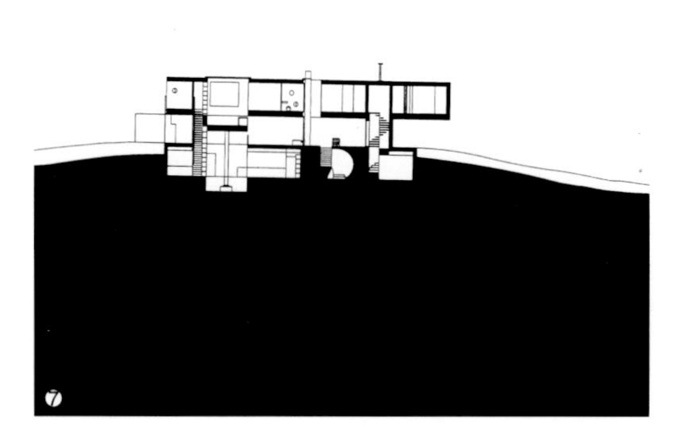
⑦

⑧

⑤ 楼层平面图
⑥ 厨房
⑦ 东立面图
⑧ 浴室
⑨ 底层办公室
⑩ 电梯井
⑪ 上层办公电梯

摄影：汉斯·沃勒曼（Hans Werlemann）／赫克蒂克图片社（Hectic Pictures）

⑨

⑩

⑪

尼尔·雷恩建筑师事务所
(Noel Lane Architects)

布里克湾住宅

新西兰，沃克沃思

主建筑师：尼尔·雷恩

项目团队：德里克·迪斯梅耶（Derek Dismeyer），迈克·法兰（Mike Farrant），迈克尔·佩珀（Michael Pepper），西蒙·陶斯（Simon Twose），尼古拉斯·史蒂文斯（Nicholas Stevens）

布里克湾住宅位于一座大农场内，奥克兰以北一小时的车程。壮观的风景倚靠着大海的边缘，蓝天俯瞰着浩瀚的太平洋。房子及其广阔的周边环境创造出了这样一个场景，它反映了波浪起伏的海面上一艘船驶过。

房子以英雄般的派头坐落于这片场地上，有一种几乎完美的刚硬度—大约200米（656英尺）开外的大海被阻挡住了—同时把房子的背后转变成了风景的情景剧，仿佛处在一种与其自身环境相背离的状态。但一旦走进房子的内部，陆地和大海看上去就像是围绕房子的

① 穿过布里克农场走近这幢住宅的通道
② 住宅的环境，可以看到豪拉基湾的风景
③ 从门厅通向主起居空间的走廊
④ 门厅，有楼梯通向楼上起居区和楼上卧室
⑤ 包铜的楼上起居室位于用餐区域上方的雕刻木柱上
⑥ 主起居区，有壁炉和高塔，通向外景和外部起居区

摄影：马克·克莱沃（Mark Klever）

主体来建构和展示，聚集并控制它们，供房子的居住者欣赏。

抹上底灰的周边墙模仿石工工程的稳固性和质量。像屋顶一样，这些墙也是单独的元素，其功能是要传达住所的观念，而不是打算实现住所的结构。这些墙的作用更像是屏风，而不是分开空间的固体元素。

房子的内部模仿活泼的户外特性，有一系列箱体垂直分布，被步行道、栈桥和阶梯连接起来。这些过渡装置打破了实体和空间，强化了它像组件一样的特性。基本的居住成分被拆开，被重塑得有它们自己的一致性——重新组装导致了重叠扭曲的室内。此外，它们使得房子能够从一个连续变换的视点去观看，使观看者的经验碎片化。这样一来，房子就成了一系列结构化的视图和场景，可以从居住者的运动视角看到。

③

④

⑤

⑥

辛格建筑师事务所（Singer Architects）

布洛迪住宅

美国，佛罗里达

① 滨海立面图
② 第一层平面图
③ 第二层平面图
④ 入口

房屋面积：8800 平方英尺 / 817 平方米

场地面积：40000 / 3716 平方米

这个小岛位于连接迈阿密海滩和迈阿密本土的麦克阿瑟堤道的东端，只有 26 户人家，长期以来一直是眺望迈阿密城市天际线最特殊的地方。这个小岛一直是黑帮分子、王室成员、著名运动员和演艺明星的家园，至今依然带有令人难以接近的魔力。

本设计的主要目标是要为欣赏比斯坎湾的风景和迈阿密城市天际线提供视觉通道。设计图是对这一任务的直接适应，产生于早期的一份简图，这份简图用了 24 平方英尺（2.2 平方米）来创造一系列连锁的空间实体。

简图创造了一根轴线，与场地的东西轴线呈 45 度角，建立了角形几何图形与矩形几何图形之间的相互作用。空间互连也是垂直的，利用灰色块和棕黄色块的层次交替，创造了一种轻松随意的环境，在这一环境中，空间关系是三维的。场地的戏剧性效果所创造出的空间延伸，是空间的雕塑方面的一个积极部分。

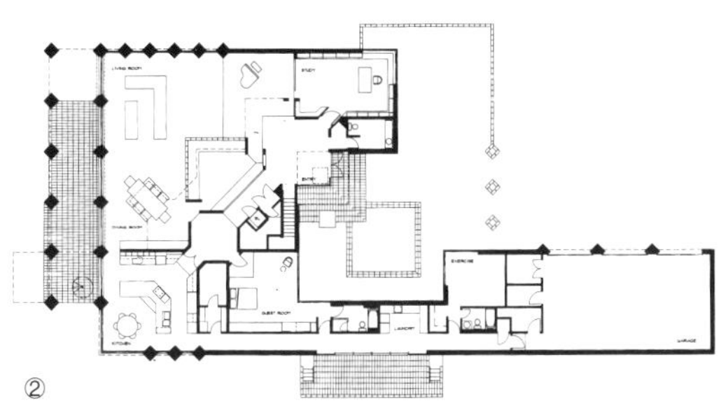
②

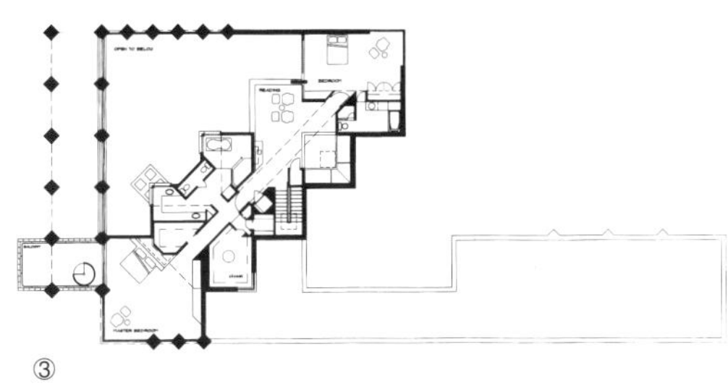
③

❹

⑤

⑥

⑤ 主卧室
⑥ 餐厅电灯组件
⑦ 餐厅，上面是主卧室
⑧ 从书房看到的海湾风景

⑨ 起居室
⑩ 第二层阅读室

摄影：埃德·泽利（Ed Zealy）

伯德 · 霍厄德 · 马特森建筑师事务所
(Burd Haward Marston Architects)

布鲁克和库姆斯住宅

英国，伦敦

客　　户：约翰 · 布鲁克（John Brooke）和卡罗尔 · 库姆斯（Carol Coombes）

房屋面积：2135 平方英尺 / 200 平方米

本设计是一幢创新、简洁而现代的家庭住宅，客户可以建造这样的住宅，但并没有局限于人们通常理解的“自建”方法或建筑材料，以及随之而来的低技术审美。目标是要利用可用的专业技术，而不是手工业传统。

本设计还探索了一种经济而广阔的城市（郊区）家庭生活模式，这种模式回应了可持续性和节能的当代问题，同时回应了周围的具体环境—西伦敦的一个郊区保护区。

郊区住宅传统的前 / 后关系，由于把起居空间置于场地一侧的一条狭长地带，从而被颠覆了。不是一个前花园和一个后花园，而是一条连续的花园地带，从街道延伸而来，穿过房子，到达后花园。在那里，它从室内通过，这条地带成了一个双层高的玻璃庭院空间。这样做的结果是，从房子看到的主要景观是朝向侧面—进入庭院。庭院充当了一个过渡空间，调停于公 / 私活动和内 / 外活动之间。

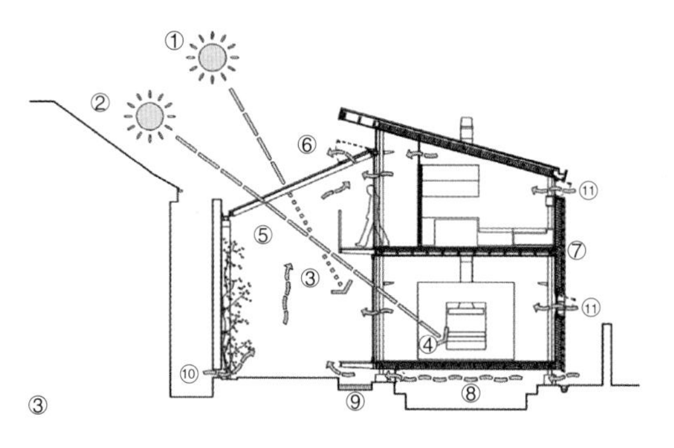

① 夏天的太阳
② 冬天的太阳
③ 院子里限制阳光进入的百叶窗所提供的阴影
④ 低角度太阳照暖起居空间
⑤ 未加热的院子在冬天充当了热缓冲器，在起居空间与外部环境之间提供了四重玻璃窗
⑥ 自然烟囱效应的通风方法帮助院子在夏天保持清凉
⑦ 北、东、西正面的隔热墙和隔热屋顶
⑧ 地下室在夏天提供了冷空气储藏
⑨ 池塘在夏天帮助院子保持凉爽，为植物提供湿气
⑩ 院子的底层通风设施
⑪ 起居空间的十字通风

① 后立面图，显示了环绕的花园和背景
② 临街立面图
③ 设计策略
④ 从楼梯向下看到的景观，有阳台和远处的水槽
⑤ 入口，显示了向上的楼梯和水槽

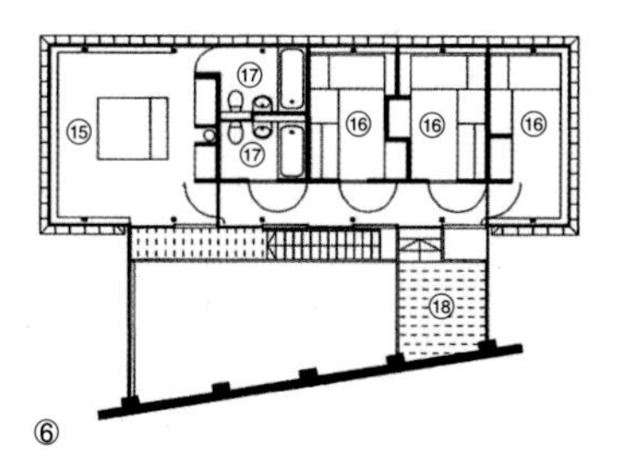
⑥

① 起居室
② 餐厅
③ 厨房
④ 书房
⑤ 多功能厅
⑥ 壁炉
⑦ 卫生间
⑧ 入口
⑨ 院子
⑩ 前花园
⑪ 上池塘
⑫ 后花园
⑬ 下池塘
⑭ 邻近的产业
⑮ 主卧室
⑯ 孩子的卧室
⑰ 浴室
⑱ 阳台

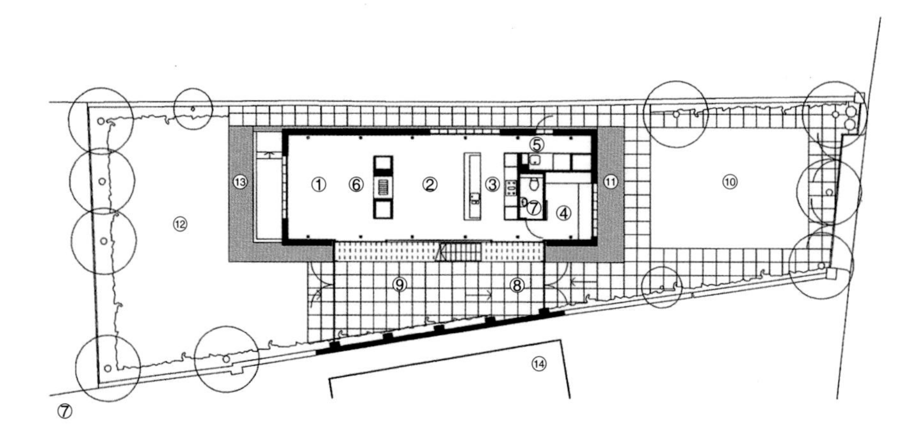
⑦

⑧

⑨

⑥ 第一层平面图
⑦ 底层平面图
⑧ 第一层走廊景观，左侧有滑动门通向院子
⑨ 从起居区看到的庭院景观
⑩ 从院子看到的起居区景观

摄影：夏洛特·伍德（Charlotte Wood）

艾德里安·马塞劳建筑师事务所
(Adrian Maserow Architects)

布劳威尔住宅

南非，豪登

"歌特拉"由勒马塞亚·哈马（Lemaseya Khama）设计
房屋面积：7179 平方英尺 / 667 平方米
场地面积：22960 平方英尺 / 2133 平方米

这座砖和玻璃结构的两层高草原住宅的背景是大地、水和天空。房子的对称姿态使用了一个几何图形，它顺着轴的方向，在水平平面和垂直平面上沿着入口水池 / 远景开放。

院子以两侧的露台为界线，提供了抵挡非洲太阳的荫凉。起居空间位于底层，卧室在第一层。房子里的容积是宽敞的，楼梯穿透了双重空间。简洁的平面和整齐的壁龛被切进了厚厚的、有面板的砖石砌墙中，与轻型材料的选择形成鲜明对照，这些轻型材料创造了一个以亮度和典雅为特征的起居空间。

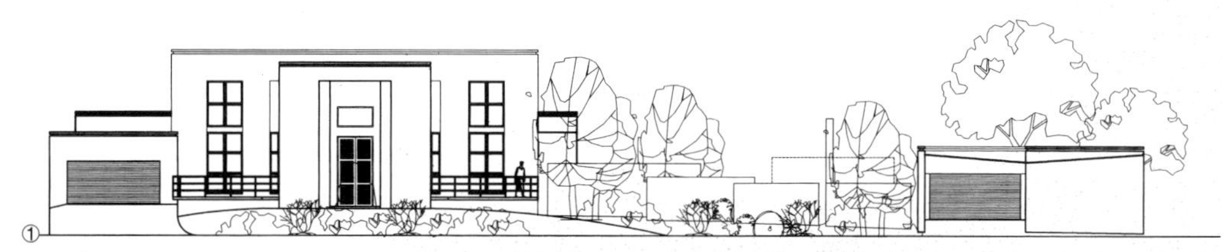
①

②

③

④

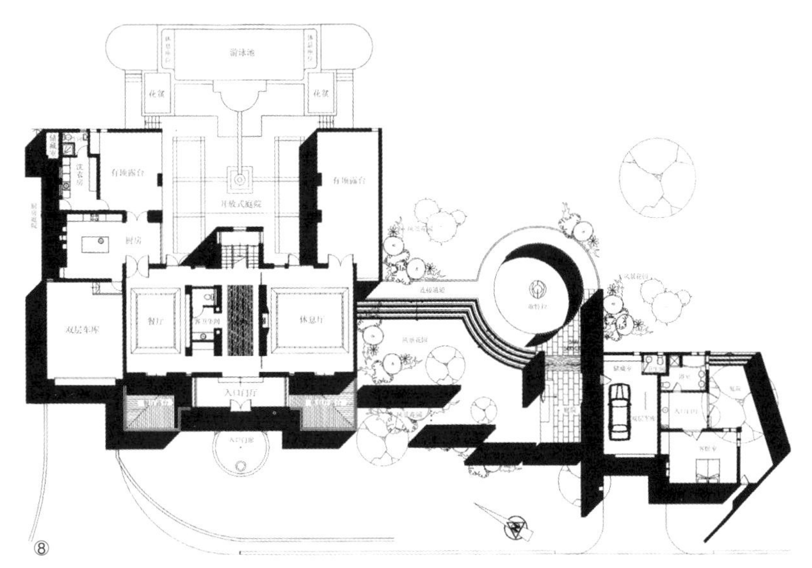

① 临街立面线描图
② 入口正面
③ 户外“歌特拉”(Kgotla，即聚会的地方)
④ 前门
⑤ 院子和水池
⑥ 内部楼梯
⑦ 入口有顶通道
⑧ 底层平面图

摄影：艾德里安·马塞劳筑师事务所（Adrian Maserow Architects）提供

休·纽厄尔·雅各布森
(Hugh Newell Jacobsen，美国建筑师协会会员)

巴克沃尔特住宅

美国，宾夕法尼亚，兰开斯特

这种“望远镜式的房子”在宾夕法尼亚东部很常见，尤其是在一个多世纪之前聚集在那里的乌托邦社群中。当家庭扩大的时候，新增部分便逐渐添加进来，每一次增加的房子都建在其前辈的山墙端，重复原先的比例，但尺寸有所减小。

这幢房子的设计，把18和19世纪的传统抽象化了。7个单元中的每个单元，在高度上递降，在宽度上递减，缩减量很有规律：各侧两英尺。尺寸上的递减使得每一相邻大单元裸露的墙壁上安装隔热反光玻璃成为可能。玻璃的反射质量考虑到了白天的私密性和能量储存；玻璃环境也允许自然光进入，并让人惊喜地瞥见户外的景色。

房子的每个单元都反映了特殊的用途：起居室，三层入口门厅和循环区，藏书室／餐厅，厨房，洗衣房／湿物寄存间，以及工作间。每一个单元都是一座单独的建筑。

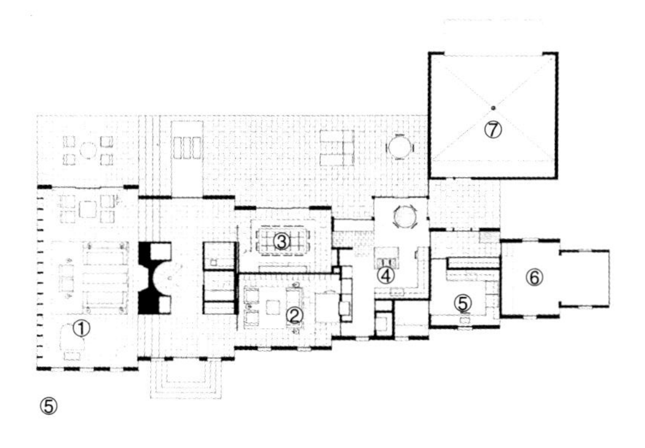

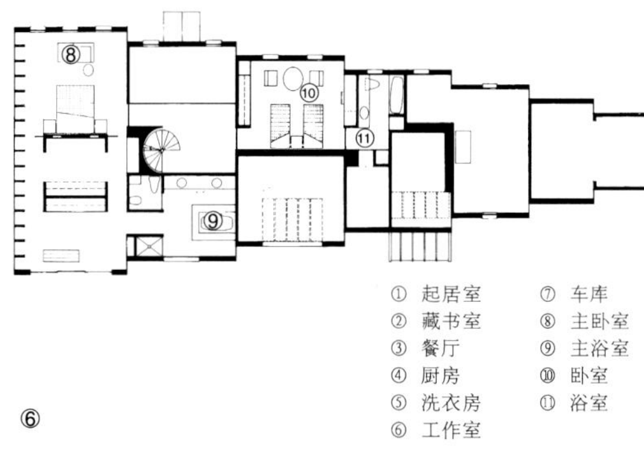

① 外部
② 第七阁——业主的工作室
③ 山墙端
④ 夜色中的山墙端
⑤ 第二层平面图
⑥ 底层平面图
⑦ 起居室
⑧ 第三层卧室内部
⑨ 起居室，显示了裸露的山墙端构架
⑩ 前门厅

摄影：罗伯特·C. 劳特曼（Robert C. Lautman）

英格莱斯建筑事务所
(Inglese Architecture，美国建筑师协会会员)

布埃纳维斯塔公园住宅

美国，加利福尼亚，旧金山

房屋面积：2920 平方英尺 / 271 平方米
场地面积：1875 平方英尺 / 174 平方米
材　　料：混凝土，钢，水泥灰泥，铝，槭树，不锈钢，玻璃马赛克砖

客户是一对年轻的夫妇，都是专业人士，都有设计背景和非传统的建筑愿望。他们提出的设计指导原则是：秩序、慈爱、光明和容积。设计讨论时像旧金山所有重要的住宅建筑一样，设计期间要遵循一套复杂的邻里告知和商议过程。现有的一幢两层小屋被拆除，这需要邻里进行额外的评估。

这幢住宅有 3 个睡觉的空间，两间浴室，一间化妆室，一间洗衣房，以及宽敞的起居 / 厨房空间。除此之外，还包括一个屋顶露台，一个后露台，以及一间两个车位的车库。这幢建筑得意于它的体积，以及对风景的姿态，并在整个场地创造了一种运动感。

① 前立面图
② 底层平面图
③ 第二层平面图
④ 第三层平面图
⑤ 从主卧室看到的景观
⑥ 后立面图

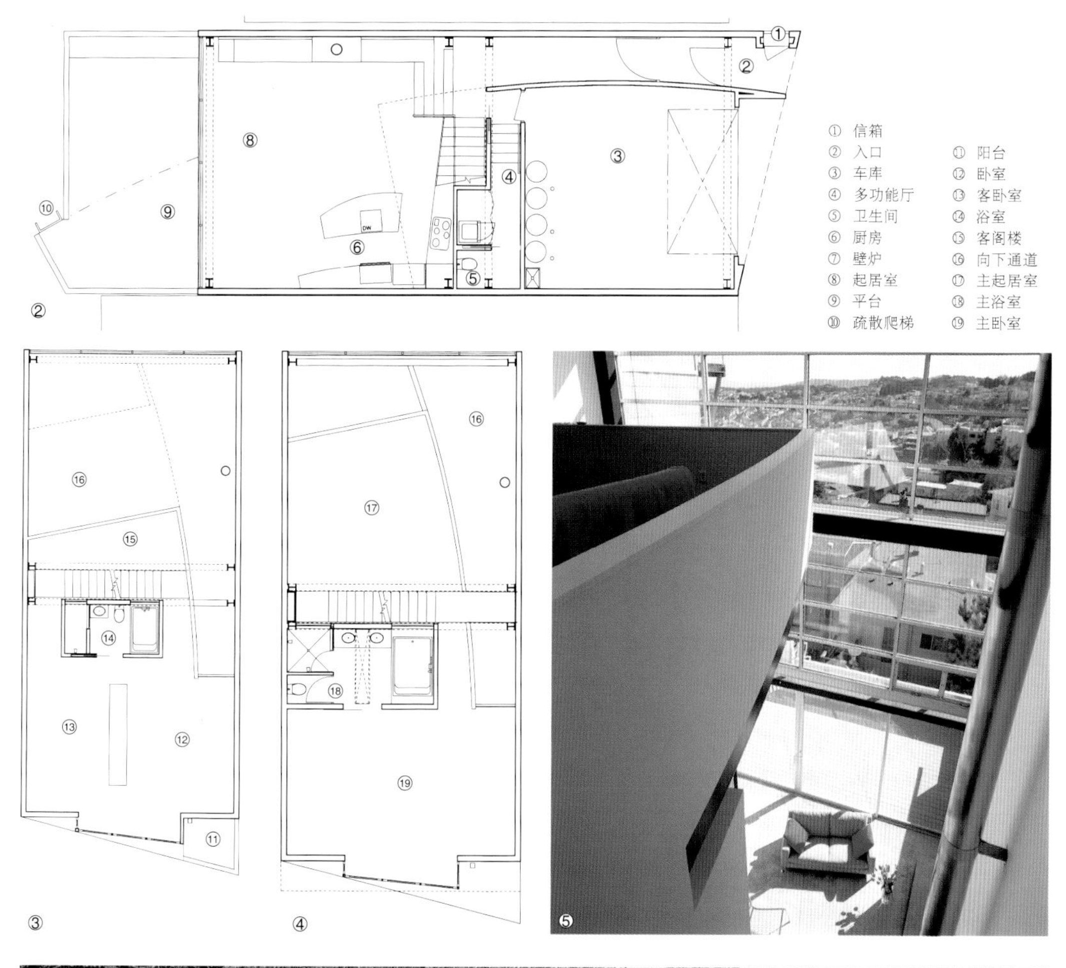
① 信箱
② 入口
③ 车库
④ 多功能厅
⑤ 卫生间
⑥ 厨房
⑦ 壁炉
⑧ 起居室
⑨ 平台
⑩ 疏散爬梯
⑪ 阳台
⑫ 卧室
⑬ 客卧室
⑭ 浴室
⑮ 客阁楼
⑯ 向下通道
⑰ 主起居室
⑱ 主浴室
⑲ 主卧室
DW
②
③
④
⑤

⑥

⑦从平台上看到的主起居区
⑧起居区
⑨主卧室
⑩客浴室
⑪厨房和餐厅

摄影：克劳迪奥·桑蒂尼（Claudio Santini）、艾伦·盖勒（Alan Geller）

格伦·艾兰尼建筑师事务所（Glen Irani Architects）

伯恩斯住宅

美国，加利福尼亚，威尼斯

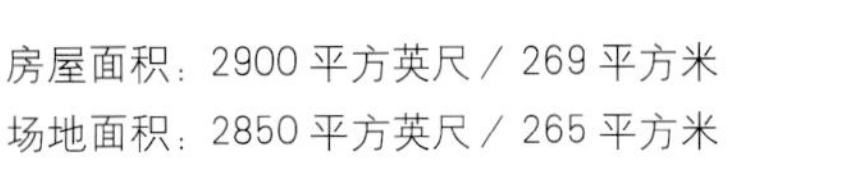

房屋面积：2900 平方英尺／269 平方米
场地面积：2850 平方英尺／265 平方米
材　　料：清水混凝土，水泥灰泥，钢，铝，玻璃，樱桃树和槭树木制品

这幢两层楼的房子位于一块向南的、面朝运河的地基上，包含2900平方英尺（269平方米）的起居区。作为这一地区联排式住宅观念的典型，这幢30英尺（9米）高的建筑是建在一块30 × 98英尺（9 × 29米）地基上，有3英尺（1米）的侧院，在朝向运河的一面还有一个15英尺（1.5米）纵深的小花园。

主要目标是要创造一种开阔感（尽管场地狭窄），要把所有主要空间与花园和运河连起来，而不牺牲私密性。房子的公共区域强有力地面对着运河，有宽敞的滑动玻璃墙。东侧的一个私密的花园庭院充当了入光口，并提供了私人的花园景观，可以看到朝向场地中部的媒体室和卧室。

房子的后部容纳了阅览室和音乐室。一个屋顶花园可以捕捉到树际线，以及海滩一侧社区的日落，缓解了运河边场地的狭窄。很像一艘小船，在通过相对比较密集、同时有点像迷宫一样的环流时，它的运动由于放射状的、有角度的过渡区而变得柔和。

① 运河一侧的外部景观
② 花园
③ 平台
④ 藏书室
⑤ 楼梯局部
⑥ 起居室，另一侧为厨房

摄影：格伦·艾兰尼建筑师事务所
(courtesy Glen Irani Architercts)

阿伦兹、伯顿和科拉勒克建筑事务所
(Ahrends Burton and Koralek)

伯顿住宅

英国，伦敦，肯蒂施镇

房屋面积：1797 平方英尺 / 167 平方米
工作室 / 客房面积：936 平方英尺 / 87 平方米
场地面积：3175 平方英尺 / 295 平方米
材　　料：建筑木料，砌墙和铺地板的砖，用于包层和窗户的玻璃和阳极氧化铝

这是一幢庭院式住宅，由4座亭阁结构的建筑和一间连接暖房所组成。通过界墙上的一个圆形大门进入房子，界墙位于房子的东侧。一片玻璃屋顶从头到尾贯穿整个房子，形成一个宽敞的门廊，一直通到前门，由前门进入暖房，再通向房子和庭院花园。

房子本身包含3间亭阁，各有一个用裸露木料做成的小建筑，还有一间亭阁延伸到第一层，容纳了主卧室和浴室。在底层，3个紧密相连的空间：餐厅 / 厨房、起居室和书房 / 客房，各有完全不同的环境氛围，不同的天花板设计和墙壁及屋顶对玻璃的不同使用，创造出了不同的环境氛围。工作室是一间双层高的亭阁。

本设计采用了中间路线的节能观，舒适和欢快在这方面扮演了重要的角色。自然光，被动式太阳能，以及非常良好的隔热，联合起来对这一解决方案作出了贡献。

❶

❷

❸

❹

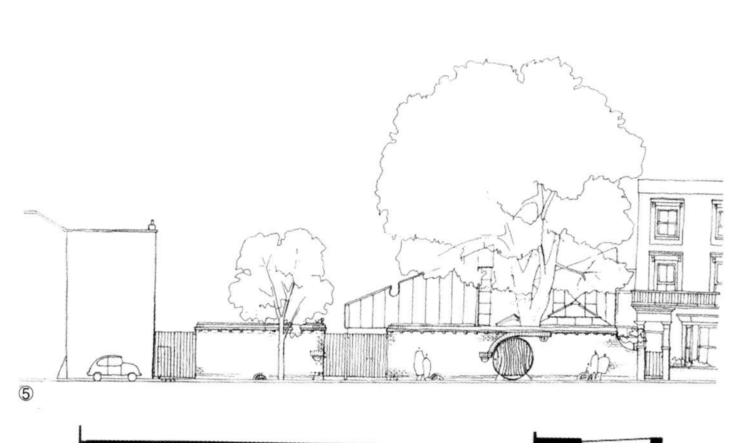

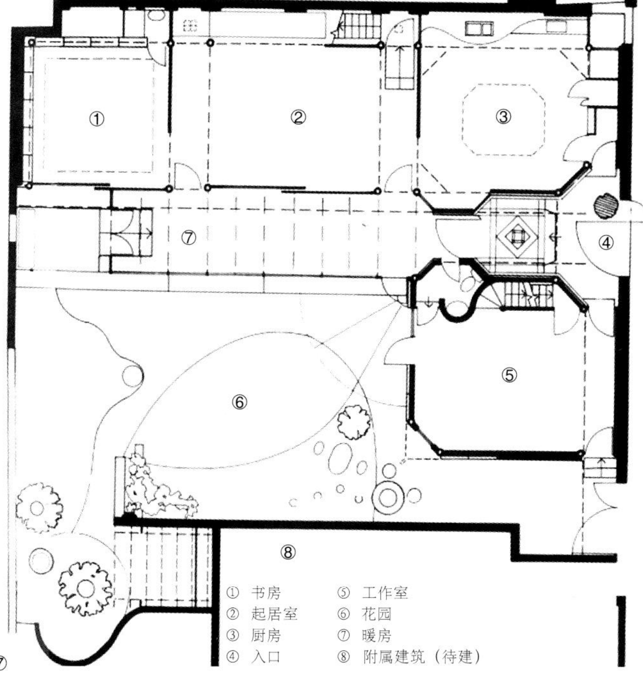

① 正对前门的暖房景观
② 暖房和右侧的工作室
③ 暖房
④ 花园
⑤ 前立面图
⑥ 从前门看到的厨房
⑦ 底层平面图
⑧ 起居室
⑨ 起居区

摄影：阿伦兹、伯顿和科拉勒克建筑事务所(courtesy Ahrends,Burton and Koralek)

阿金·蒂尔特建筑师事务所（Arkin Tilt Architects）

坎内尔／贝耶尔住宅

美国，加利福尼亚，纳帕县

①

客　　户：约翰·坎内尔（John Caner）和乔治·贝耶尔（George Beier）

房屋面积：2680平方英尺／249平方米

场地面积：20英亩／8公顷

材　　料：带有胶合板和板条壁板的木质框架，波纹金属屋顶，混凝土地板，喷涂纤维隔热材料，回收利用的冷杉桁架，金属系杆，檩桁条和回收利用的雪松盖板，上方的隔热木质框架，壁炉和凉廊立柱上的夯实土，稳固地面的现制铺砌材料

在南北轴线上，为了与山坡融为一体并打开向西的视野，大房间被动获取太阳能。向西的门由一条很深的凉廊遮挡阳光，凉廊的顶部通过高高的窗户反射光线，照亮天花板。通过限制厨房的屋顶，一扇高高的朝南窗

户，使得光线可以深深进入这一空间。厨房增加了一扇屋顶窗，既是为了透入日光，也是为了缓解低矮的天花板。

主空间属于喷制土结构。利用每天的温度波动，18英寸（46厘米）厚的土墙既提供了热度调节装置，也提供了一道丰富的、古色古香的涂层。夯实土为了戏剧性的效果而被用在了壁炉和凉廊立柱上。这是古老建筑体系的一个现代版本，东面的墙壁赋予这幢建筑以永不过时的品质。厚厚的墙壁，顶端覆盖着回收利用的冷杉桁架和取自腌菜桶的废旧柏木板。

喷涂混凝土地板和自然墙壁被大量搜集的废弃材料所平衡，比如回收利用的玻璃工作台和一块保龄球球道。之所以选择这些材料，既是因为它们的持久性，也是因为它们的环保。

① 从西北看到的上坡景观
② 从西南看到的景观
③ 从东南看到的露台
④ 用餐凉亭和塔楼

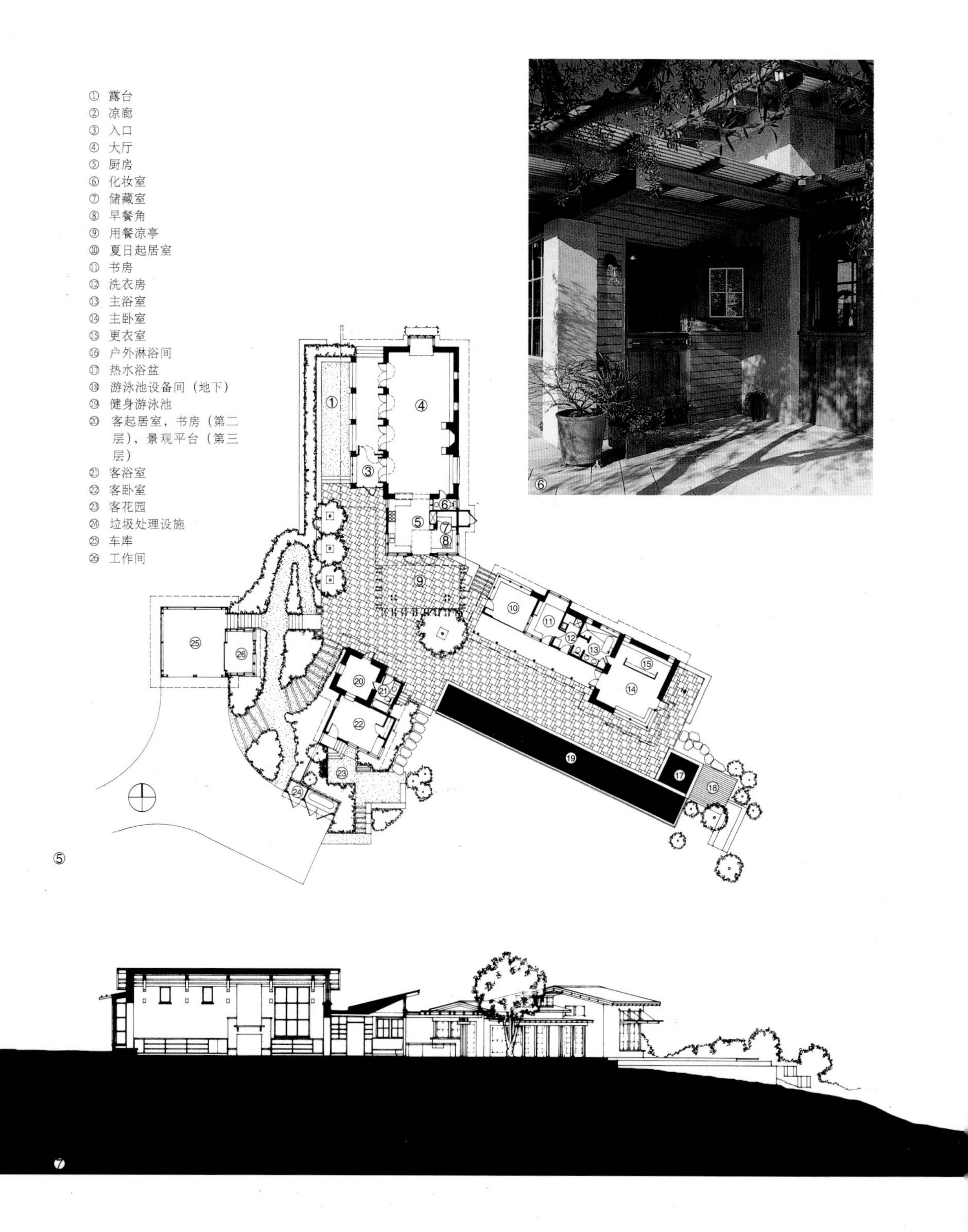
① 露台
② 凉廊
③ 入口
④ 大厅
⑤ 厨房
⑥ 化妆室
⑦ 储藏室
⑧ 早餐角
⑨ 用餐凉亭
⑩ 夏日起居室
⑪ 书房
⑫ 洗衣房
⑬ 主浴室
⑭ 主卧室
⑮ 更衣室
⑯ 户外淋浴间
⑰ 热水浴盆
⑱ 游泳池设备间（地下）
⑲ 健身游泳池
⑳ 客起居室，书房（第二层），景观平台（第三层）
㉑ 客浴室
㉒ 客卧室
㉓ 客花园
㉔ 垃圾处理设施
㉕ 车库
㉖ 工作间

⑥

⑤

⑦

⑤底层平面图
⑥入口处的荷兰门
⑦南北剖面图
⑧主浴室
⑨客浴室
⑩厨房
⑪主卧室
⑫厨房和早餐角

摄影：埃德·考德威尔（Ed Caldwell）

史蒂文·埃利希建筑师事务所（Steven Ehrlich Architects）

峡谷住宅

美国，加利福尼亚，洛杉矶

房屋面积：7400 平方英尺 / 687 平方米

场地面积：21061 平方英尺 / 1956 平方米

材　　料：木质框架，胶合板，钢，水泥灰泥，铜，道格拉斯冷杉，巴西樱桃木，石材，粉饰灰泥，玻璃

一系列垂直的磨光粉饰灰泥块，构成了沿南北方向排列的建筑序列元素。这些灰泥块所包含的元素服务于一些相邻的空间，比如壁炉、楼梯、机械中心和储藏间。它们串联了整个房子，在回应需求的同时，构成了色彩和形态的运动韵律。与这些垂直平面相对应的，是一系列串联起来的包铜水平华盖，它们保护了天然木料、玻璃窗户和门免遭日晒雨淋，并构成了浮动平面的水平平衡。这些浮动平面成为决定性的雕塑次序系统的组成部分。

垂直色块的整体效果与铜质水平平面、玻璃和喷绘粉饰灰泥块相结合，在室内空间与自然环境融为一体的时候，和谐地舞蹈。

L 形的部分张臂拥抱了河边倾斜场地的辉煌壮丽。房子沿着场地的斜坡拾级而下，任何位置都不超过两层高。18 英尺（5.4 米）高的起居室区域，把两层高的卧室一翼与家庭厨房地带分隔开来。房子强有力地把室内的每一个空间跟室外长满加利福尼亚本地树木的青翠风景连在一起，房子就是围绕这些树木设计的。楼梯和浮动平台构成的类似圆形剧场的场所使这种连接更加便利。

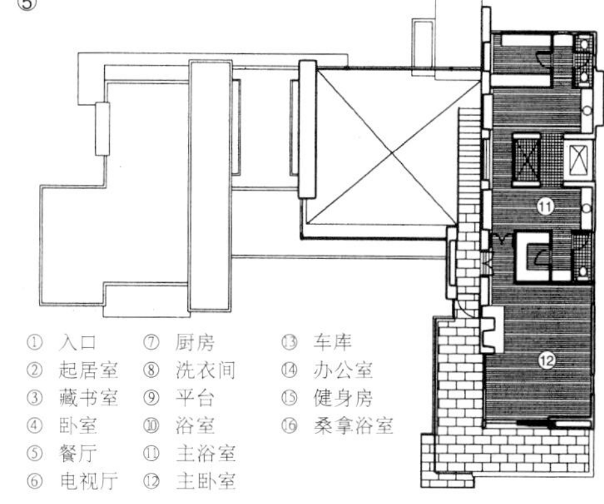

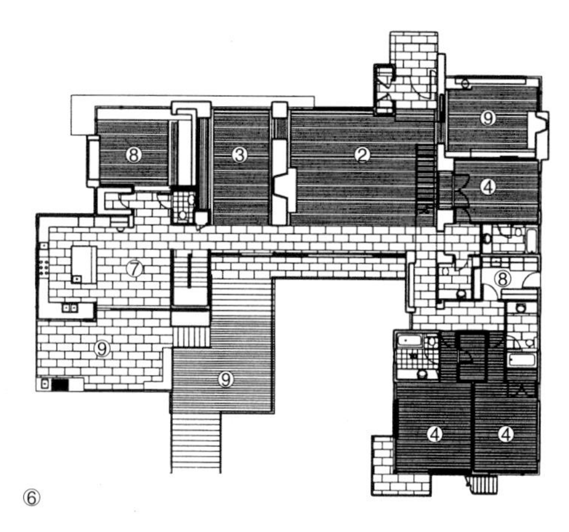

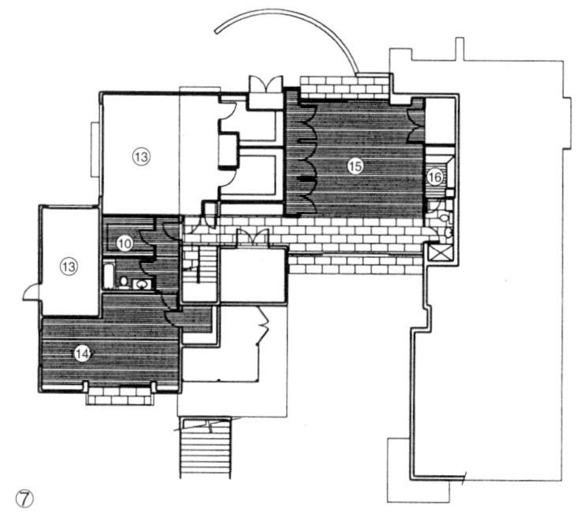

① 从后院和游泳池看到的后正面全景
② 从后院看到的双层起居室
③ 卧室翼部
④ 从街上看到的前正面
⑤ 第二层平面图
⑥ 第一层平面图
⑦ 底层平面图

⑧

⑩

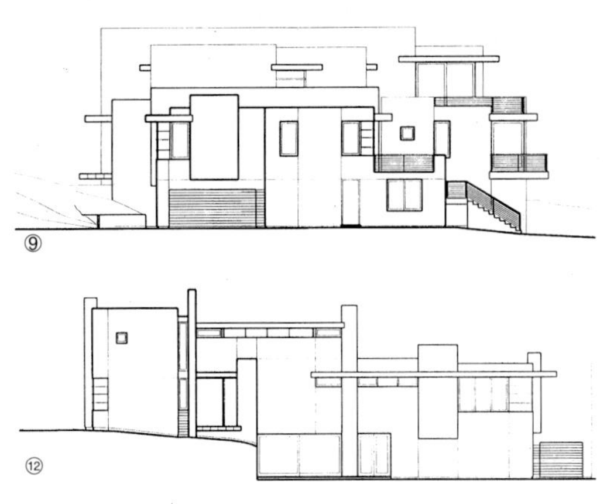
⑨
⑫

⑪

⑧ 从主卧室向下看到的中层露台景观
⑨ 西立面图
⑩ 通向主卧室的“浮”楼梯
⑪ 厨房
⑫ 北立面图
⑬ 东立面图
⑭ 南立面图
⑮ 起居室

摄影：蒂姆·斯特里特－波特（Tim Street-Porter）

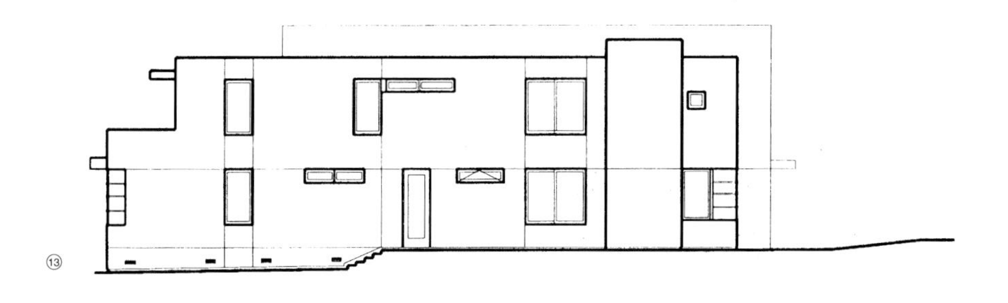
⑬

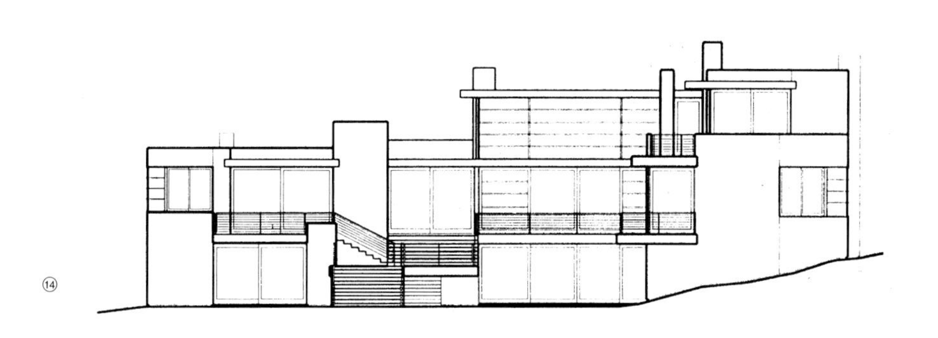
⑭

⑮

丹顿 · 科克 · 马歇尔建筑事务所 (Denton Corker Marshall)

山克角住宅

澳大利亚，维多利亚，凯普施克

这幢海滩住宅位于墨尔本南部海岸，其场地的选择，就是为了从一个高尔夫球场中部非常陡峭的场地顶端欣赏大海的风景。房子面朝西北，沿着摩林顿半岛的海滩，西南是山克角。它被抬高到覆盖着浓密茶树的地面之上，透过带形窗户的缝隙，可以窥见树际线。

直角的黑色形状清晰而简单，但有某种古怪的东西。盒子管在断面中被扭曲，覆层被耙过，低矮的窗户装有曲柄，烟囱从墙上斜向伸出。房子看上去根本不像一幢房子，而是像一个凭空飞翔的物体，在它快要着陆的时候沿着它的长轴旋转。在大风横扫的背景中，这幢房子是一个动态的谜。

① 从院子看到的景观
② 第二层平面图
③ 第一层平面图
④ 从东边看到的景观
⑤ 正对院子的起居室
⑥ 从南边看到的景观
⑦ 正对厨房的起居室

摄影: 蒂姆·格里菲斯 (Tim Griffith)

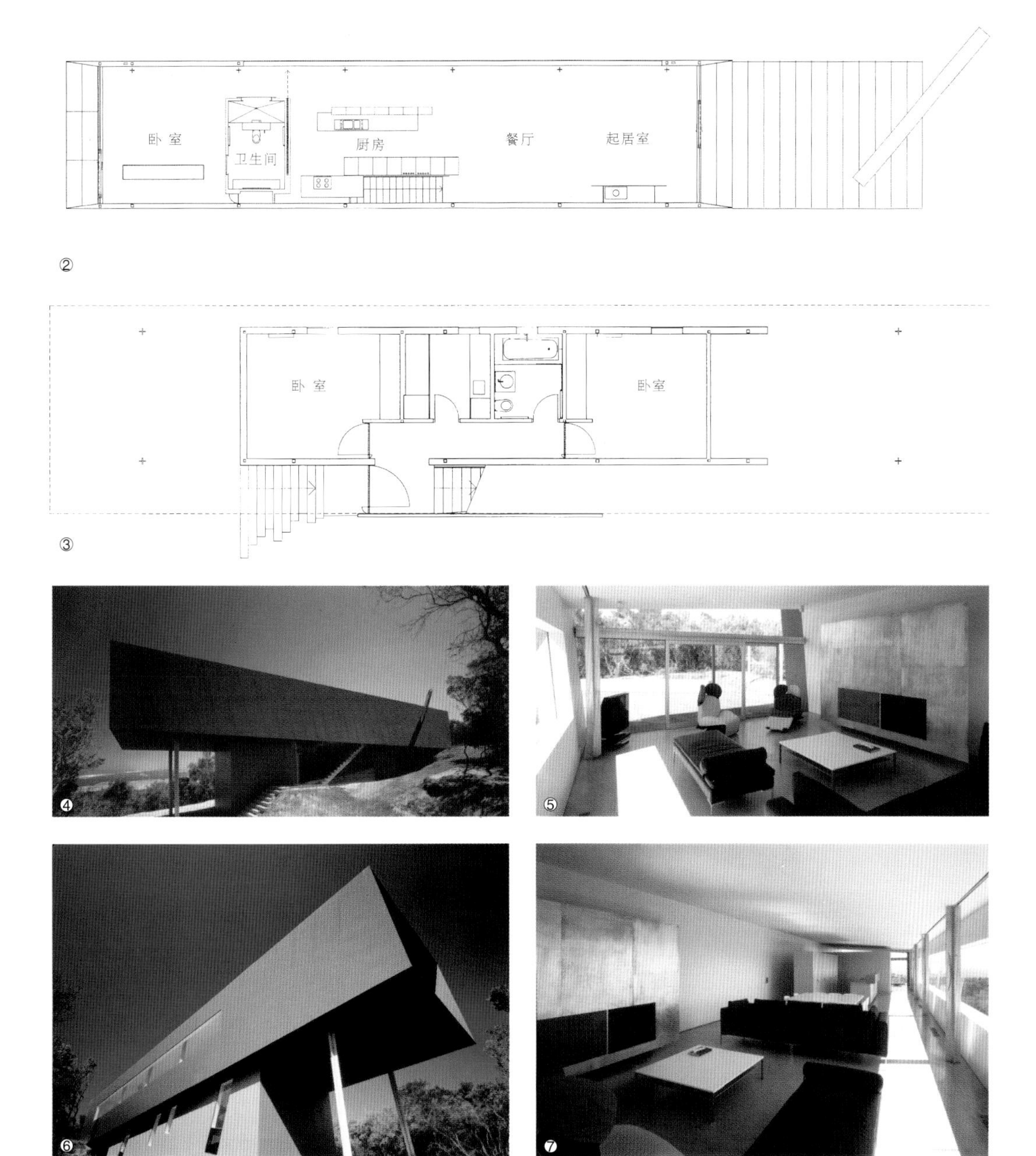
卧室
卫生间
厨房
餐厅
起居室
②
卧室
卧室
③
④
⑤
⑥
⑦

西萨·佩里建筑事务所（Cesar Pelli & Associates Inc）

卡梅尔住宅

美国，加利福尼亚，圆石滩

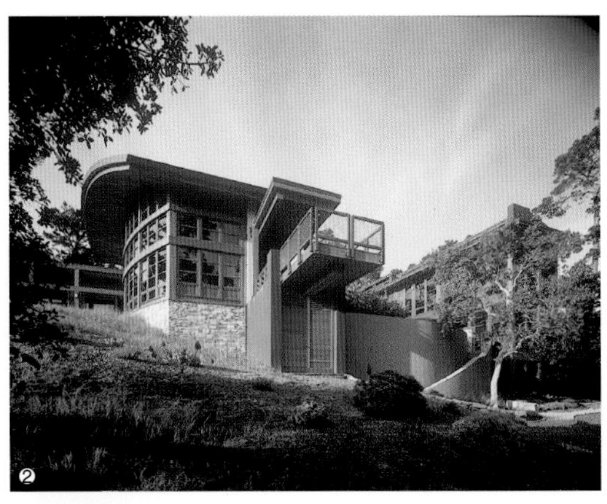

房屋面积：8500平方英尺／790平方米

场地面积：2.5英亩／1公顷

材　　料：粉饰灰泥，道格拉斯冷杉，铜，桃花心木，灰泥

这幢房子围绕一个中心庭院来组织，院子面朝海湾和南边的太阳。三道环线围绕院子，把房子的所有功能区组织起来。对着山坡的入口侧很矮，最小化的开口使居住者可以朝外看到远处的风景。主环线从主入口开始，穿过一个凉廊，结束于一个可以看到群山和大海远景的房间，其位置刚好可以看到海湾被两棵雄伟的老松树给框住。所有主要的功能区，包括起居室、厨房、餐厅和主卧室，都位于入口层，为的是使居住者对楼梯的需要最小化。

房子的设计回应了场地的限制和条件，以利用景观或太阳，满足场地和规范的需要。比如高度限制，5000平方英尺（465平方米）的场地范围，移除树木的限制，以及种植抗旱和抗鹿吃植物的需要。蒙特里半岛凉爽而多雾的小气候，导致建筑师使用全年性的辐射采暖地板加热系统，没有使用空调系统和承受季节性的干旱和多雨的长效材料。设计还包含了一套智能住宅系统，凭借这一系统，居住者可以控制照明、窗户处理装置和音响系统。

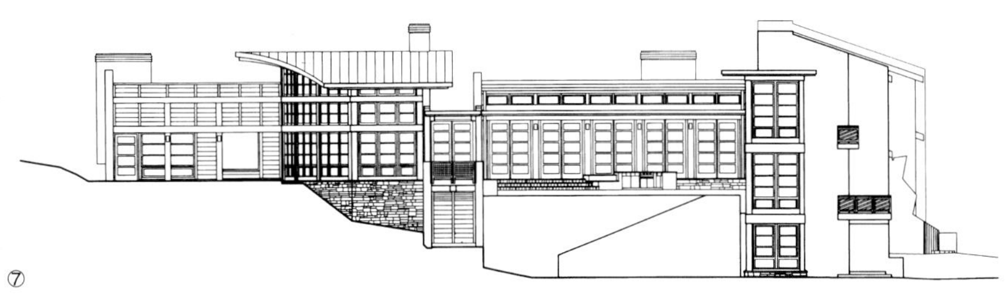

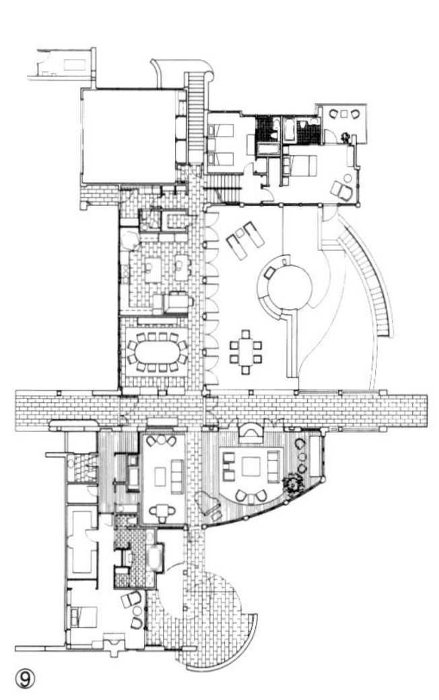

① 前立面图
② 从南边看到的景观
③ 客房一翼立面图局部
④ 院子的景观
⑤ 带有阿加炉和比萨烤炉的厨房
⑥ 从凉廊朝向洛伯斯岬角看到的景观
⑦ 南立面图
⑧ 起居室
⑨ 平面图

摄影：蒂姆西·赫斯利（Timothy Hursley，1、2、4～6、8），西萨·佩里（Cesar Pelli，3）

肖恩 · 戈德塞尔（Sean Godsell）

卡特／塔克住宅

澳大利亚，维多利亚，布里姆利

客　　户：厄尔 · 卡特（Earl Carter）和旺达 · 塔克（Wanda Tucker）

房屋面积：2268 平方英尺／210 平方米

材　　料：石膏灰泥板，维多利亚梣木，不锈钢，红雪松

一个12 × 6米（39 × 19英尺）的三层盒子嵌在一个沙丘山坡中。这幢住宅有三间房。底层供客人使用，单一空间在需要的时候可以被一道滑动墙分为两间房。同样，中层的单一空间也可以分隔，把业主的卧室与一个小的起居区分开。顶层用作起居室和餐厅，利用了开阔的视野，能看到乡村的风景。顶层还是一个日光摄影工作室。

① 有活动屏板的正面
② 有上部开口屏板的北部正面
③ 有下部开口屏板的北部正面
④ 西南角
⑤ 厨房和起居区
⑥ 北立面图
⑦ 底层平面图
⑧ 入口正门
⑨⑩ 入口和循环区域

摄影：厄尔 · 卡特（Earl Carter）

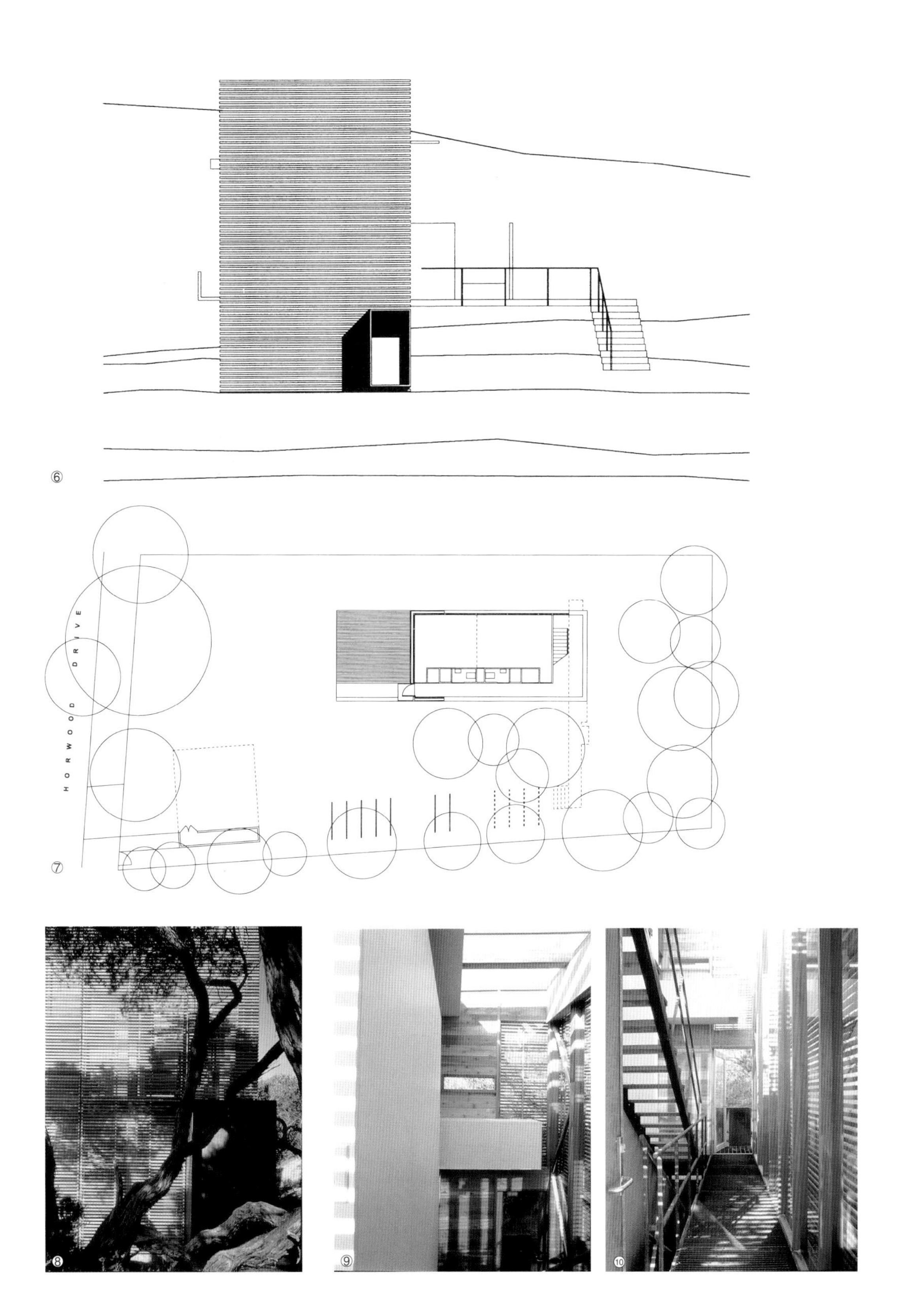
⑥
HORWOOD DRIVE
⑦
⑧
⑨
⑩

科恩·佩德森·福克斯建筑师事务所
(Kohn Pedersen Fox Associates PC)

卡维尔住宅

美国，佛蒙特，斯特拉顿

①

客　　户：威廉和卡罗琳·斯塔特（Wanda Tucker）
房屋面积：5600 平方英尺 / 520 平方米
场地面积：5.7 英亩 / 2.3 公顷
材　　料：佛蒙特石板，粗制雪松板，镀铅铜屋顶，冷杉橱柜和贴面，樱桃木和大理石地板，大理石工作台，灰泥石膏板墙和天花板

这幢房子坐落在佛蒙特州斯特拉顿的一个被称作“高草地”的住宅开发区内。房子的具体位置在开发区的最高点上。这块地非常陡峭地向南倾斜，正对着斯特拉顿山。因此，这座山的景观是设计方案的主要关注点。巨大的露出地表的部分在场地周围很显眼。

建筑师通过一系列互联的内部空间，诠释了客户的要求：把私密和宏大关联起来。整个布置有一种故意为之的张力，通过曲线形态和直线形态的并置创造出来。主要的组件——圆形大厅、主楼梯和起居室——稳定了多变的形态。

设计方案始于大刀阔斧地切削岩石，终于一个户外壁炉。这次切削产生的岩石面和房子的墙壁组成了一个入口庭院，朝向斯特拉顿山。关键实体被裹在镀铅铜中，像屋顶一样，而次要空间的直线围墙则被裹在粗制雪松板中。房屋的基础在遇到梯度的时候是佛蒙特石板。

① 从东边看到的景观
② 西南方向鸟瞰图
③ 入口层平面图
④ 从西边看到的景观
⑤ 从西南看到的景观

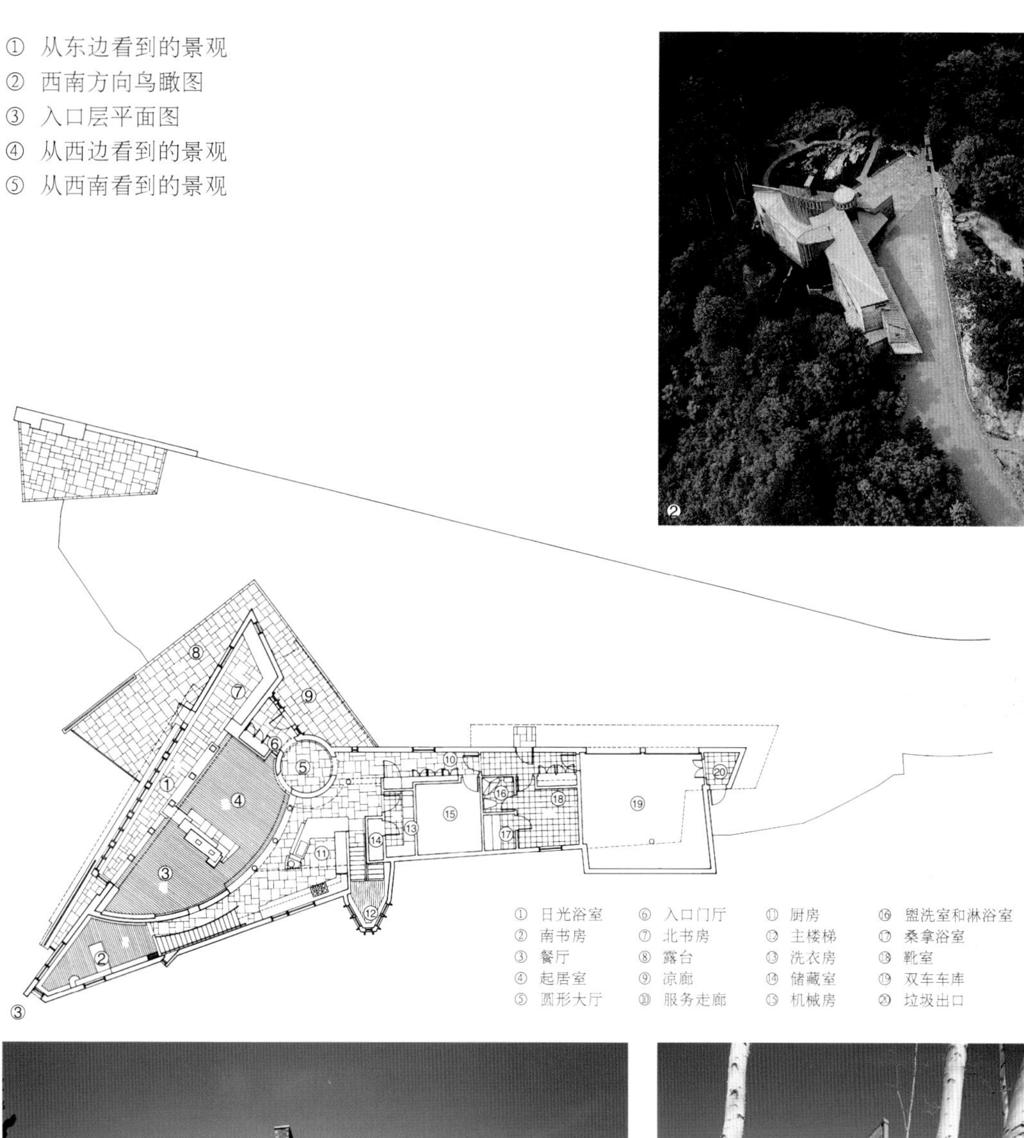

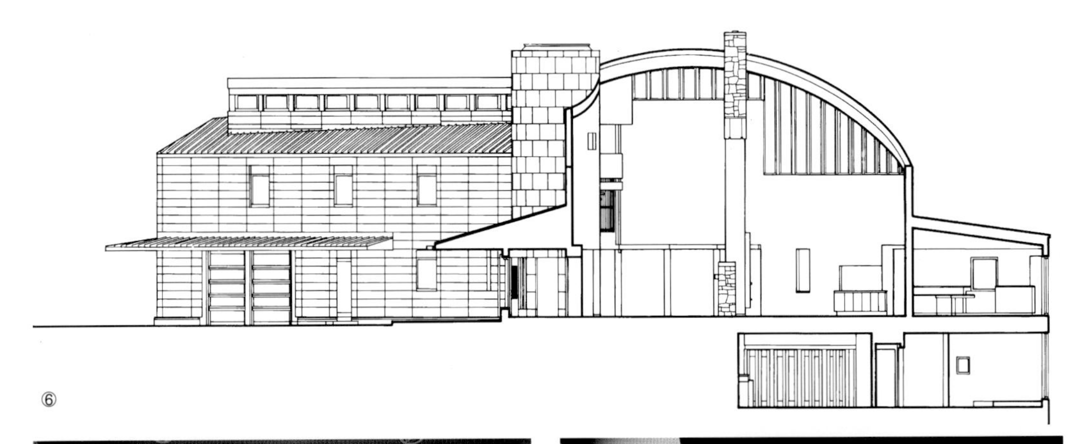

⑥

⑦

⑧

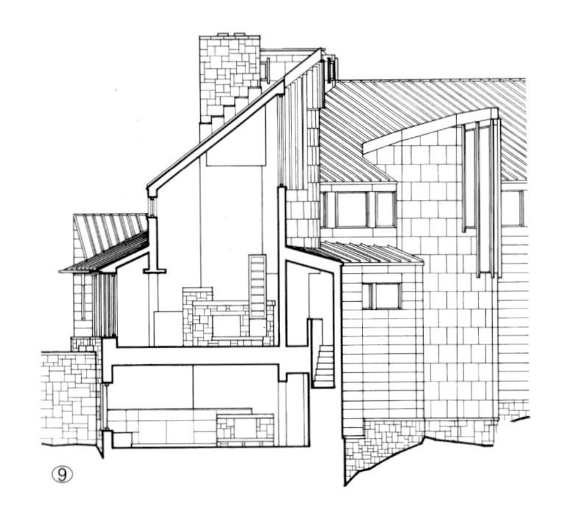

⑨

⑥ 通过起居室和餐厅的纵向截面图
⑦ 主楼梯窗户
⑧ 从一个圆柱节点旋转开去的内部空间
⑨ 通过餐厅的横向截面图
⑩ 带有附属瓷器橱的壁炉

摄影：韦恩·N. T. 藤井（Wayne N. T. Fujii）

⑩

建筑研究事务所（Architecture Research Office）

科罗拉多住宅

美国，科罗拉多，特柳赖德

房屋面积：10000 平方英尺 / 929 平方米
场地面积：60 英亩 / 24.2 公顷

这幢度假别墅位于一座平顶山上的一片草地中，可以看到壮丽的景观：无人涉及的风光和环绕的群山。客户要求建造这样一幢住宅：它有足够的空间容纳大家族齐聚一堂，有私密区域供个人在荒漠中思考。房子被构思为一个框架，既是为了观景，也是为了容纳客户收藏的一批具有博物馆品质的 20 世纪家具和当代艺术品。

平行的墙壁顺着一个小山丘逐级而下，使房子朝向特定的景观，并建立了几个互联的空间和层面。一个 15 × 17 英里（24 × 27 公里）的地形截面的计算机模型被制作出来，以检测来自每个窗户的景观。房子的朝向使得斯奈佛尔斯山脉可以从平行的墙壁之间看到，沿着它们的轴线，俄斐尖岩出现在墙上的缺口中。每一个室内空间都通向不同的室外空间。贴着考顿墙面板的外墙建在喷沙混凝土基础上。在某些点上，墙面板滑进了房子，强调了内外之间的关系。

① 外部景观
② 楼层平面图
③ 入口
④ 墙的尽头

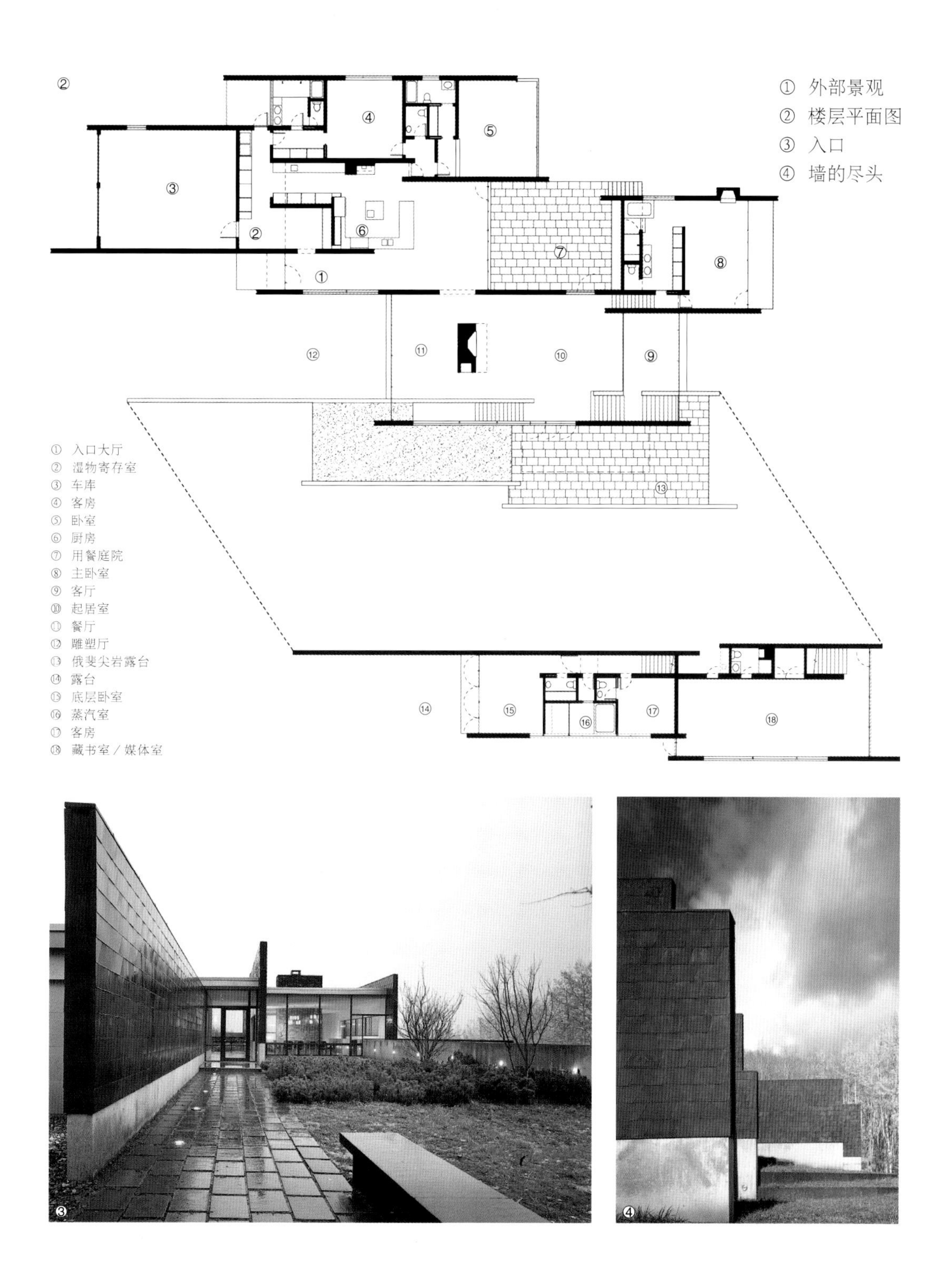

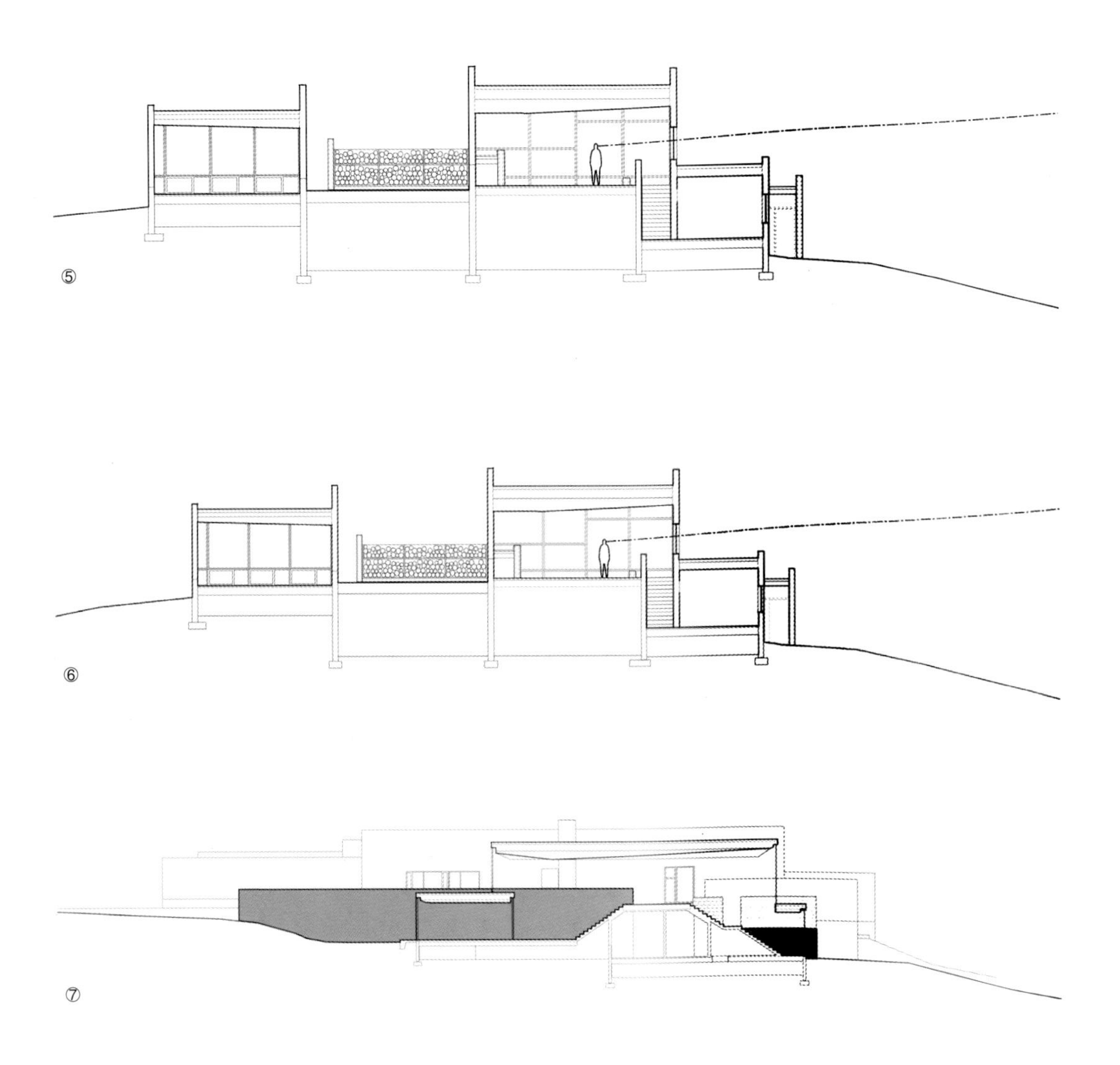
⑤
⑥
⑦

⑤ 横截面图
⑥⑦ 截面图
⑧ 主卧室
⑨ 餐厅

摄影：保罗·沃奇奥
(Paul Warchol)

麦金塔夫建筑师事务所（McInturff Architects）

科曾斯住宅

美国，华盛顿特区

❶

当客户买下华盛顿这幢位置十分显眼的房子时，他认为这幢住宅需要新的浴室。随后的检查表明，房子的后部是建在60英尺（18米）的填土上，正在南移。

新的螺旋钢墩约60英尺（18米）长，稳定了建筑的移动，一个新的钢质框架给四层高的后部附加建筑（建于1970年代初）以新的硬度。移去了一层，创造出了一个双层高的空间，从那里，可以看到华盛顿最美的景观之一。在室外，柚木凉棚保护了新的钢和玻璃正面，不被南边的太阳所烤晒。室内，一道书墙向上延伸了三层。浴室也翻修了。

① 夜幕中从波托马克河上看到的立面图
② 临河正面柚木遮光屏
③ 截面图
④ 观景室

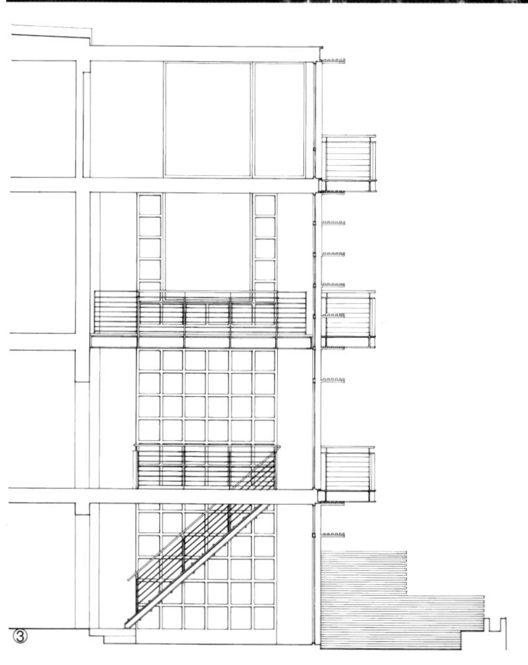

5

⑤ 双层高观景室和通向书房的栈桥
⑥ 通向书房的栈桥
⑦ 餐厅，旁边是厨房
⑧ 主卧室
⑨ 第二层平面图
⑩ 第一层平面图

摄影：朱莉亚·海涅（Julia Heine）

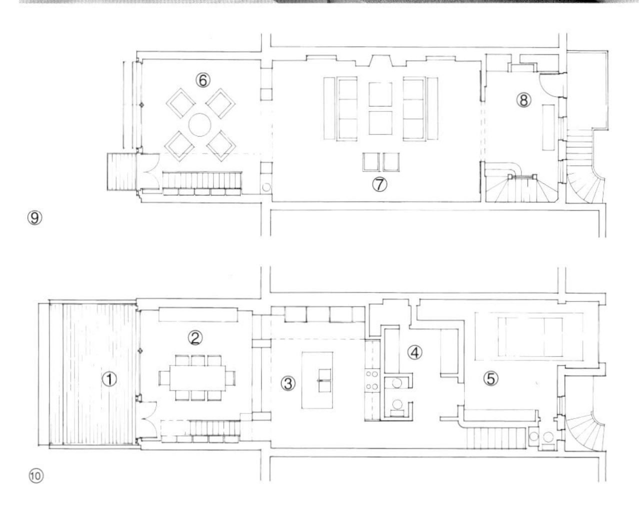

① 平台　④ 洗衣房
② 餐厅　⑤ 车库　⑦ 起居室
③ 厨房　⑥ 观景室　⑧ 入口

肯·沙特沃斯博士，建筑师
(Dr Ken Shuttleworth，Architect)

克雷森特住宅

英国，威尔特郡

客　　户：肯博士和西娜·沙特沃斯(Seana Shuttleworth)
材　　料：白色磨光混凝土，玻璃

这幢房子朴实无华。它简单的形式对场地做出了强有力的回应，反映了各种不同的对比，这些对比既是场地提供的，也是它的历史语境。决定性的要素是空间的变化，这种变化与它们的功能相关联，回应了自然光不断变化的品质，是与自然元素及季节变换之间的感官接触，也是家庭起居的典范，从生态学上讲，家庭起居就是感官性的。

设计概念是白色磨光混凝土和玻璃构成的一系列简单、纯洁的形态。在室内，它创造了不同类型的空间，与活动的类型和光的变化品质有关。建筑细节和设计者项目平常的杂乱被消除了。

设计概念有两个截然不同、形成强烈对比的侧面：包含私人空间的东北侧毗邻其他的房屋、道路和乏善可陈的景观，它呈现了一道固体的、半透明的凸墙，增强了私密性，减少了西风的影响，给走近它的人提供了一幅强壮而简洁的形象。东南侧刚好相反，有很好的景观，朝向太阳，一个由一尘不染的玻璃构成的凹新月形向外伸出，把风景尽收眼底，最大程度地接触了从起居空间看到的自然。在两个新月形之间，是一个两层高的画廊和循环区。

① 外部景观
② 外部景观
③ 平面图

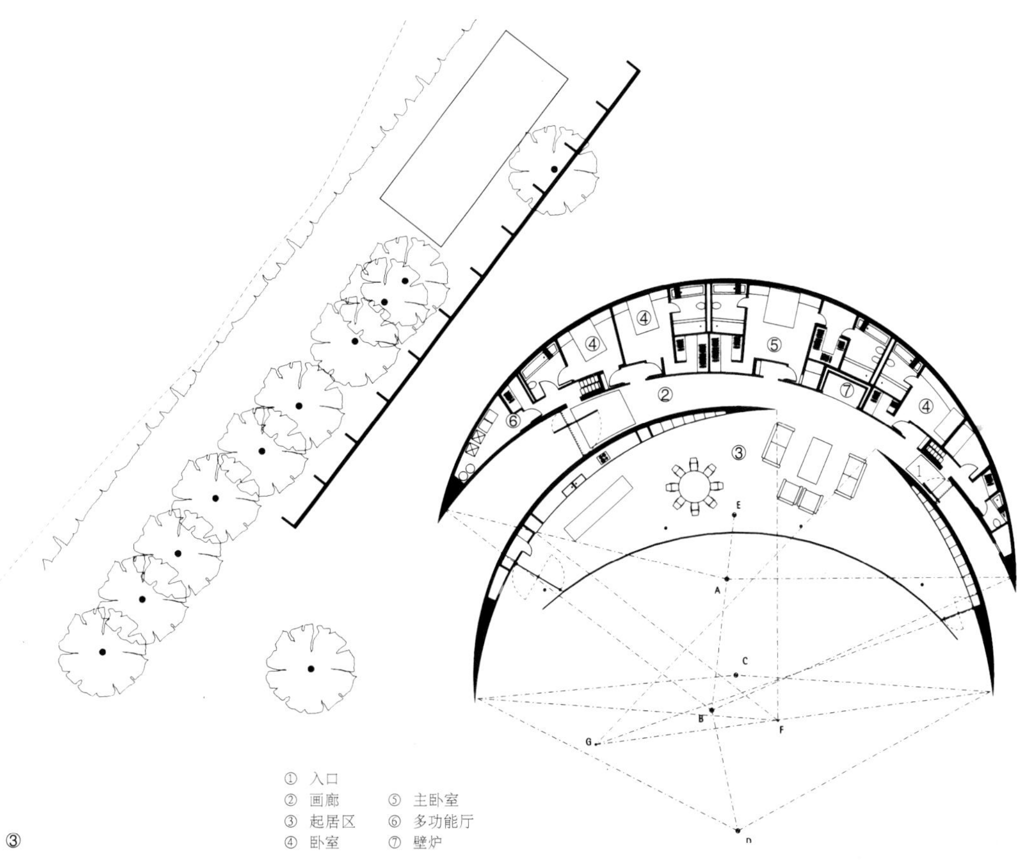

① 入口
② 画廊
③ 起居区
④ 卧室
⑤ 主卧室
⑥ 多功能厅
⑦ 壁炉

③

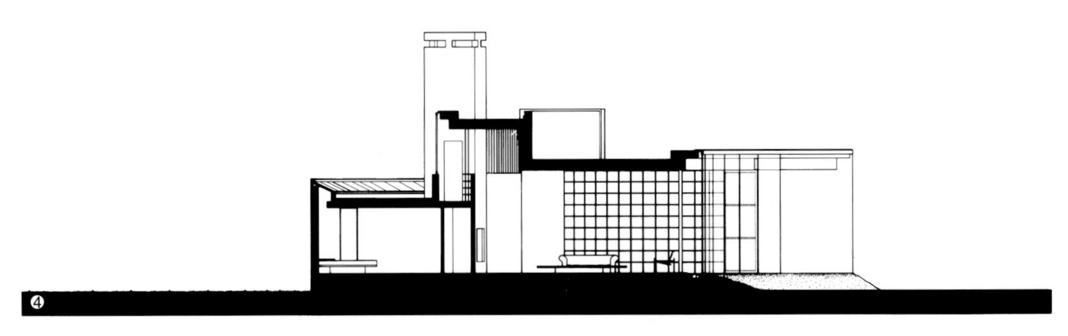

④ 立面图
⑤ 向下看到的起居区
⑥ 将外部景观一览无余的落地窗
⑦ 立面图
⑧ 起居室
⑨ 厨房

摄影：奈杰尔·杨（Nigel Young）

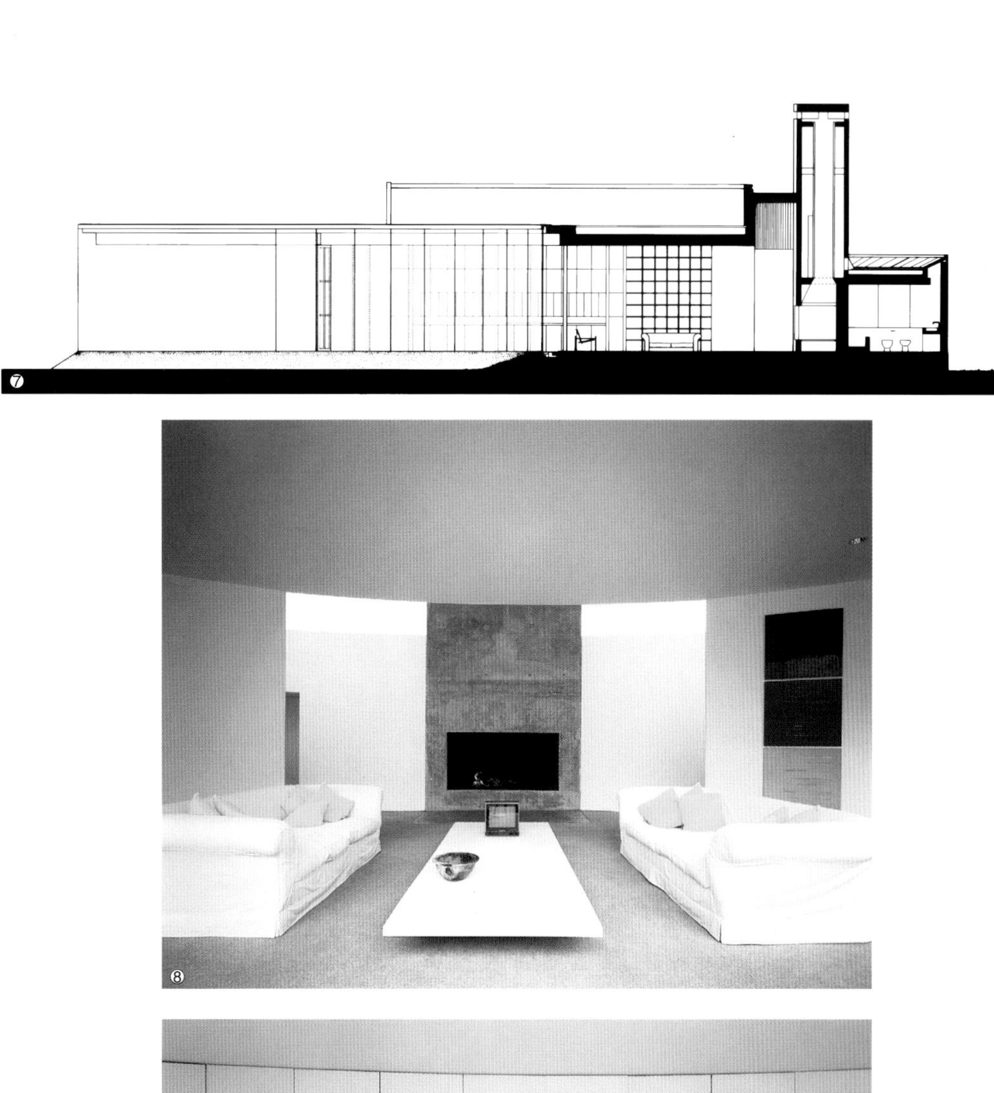

阿尔伯托·坎波·巴埃萨（Alberto Campo Baeza），与
劳尔·德尔·瓦勒（Raul del Valle）合作

德·布拉斯住宅

西班牙，马德里

客　　户：弗朗西斯科·德·布拉斯（Francisco de Blas）
房屋面积：2368 平方英尺 / 220 平方米
场地面积：32292 平方英尺 / 3000 平方米
材　　料：混凝土，钢，玻璃

这幢房子被置于一座朝南小山的山顶上，可以眺望马德里城外的群山。它为高原住宅提供了一个可选方案。从一个混凝土盒子中创造出了一个平台，其上是一个透明的玻璃盒子，有纤细、洁白的轻型钢屋顶置于混凝土基座之上。

地基上的现浇混凝土盒子形成了一个洞穴，把房子的传统特征悉数装入盒内。被服务的房间靠前，服务空间靠后。

从屋内向上走，可以到达望楼，那是一个被置于平台之上的玻璃盒子。下面的洞穴是庇护所。上面的空间像一个瓮，形成了一个区域，从那里可以凝视周围的环境。

入口设计被其尺寸的精确度所证明。混凝土盒子是 9 × 27 米（29 × 88 英尺）。金属结构是 5 × 16 米（20 × 52 英尺）。玻璃盒子是 4.5 × 9 米 × 2.3 米高（15 × 29 英尺 × 7.5 英尺高）。

这幢房子试图成为对构造问题和砌筑问题的准确阐释：构造部件装在一个砌筑盒子上。关于建筑的本质要素是什么，这幢房子是一个浓缩，它再次说明了一个道理：以少胜多。

❶

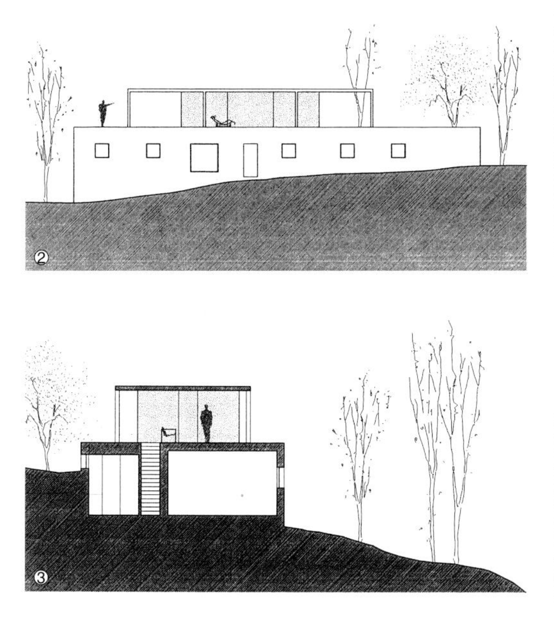

① 从南边看到的房子景观
② 北正面
③ 南北截面图
④ 浮在洞穴上方的棚屋景观
⑤ 房子北面的景观

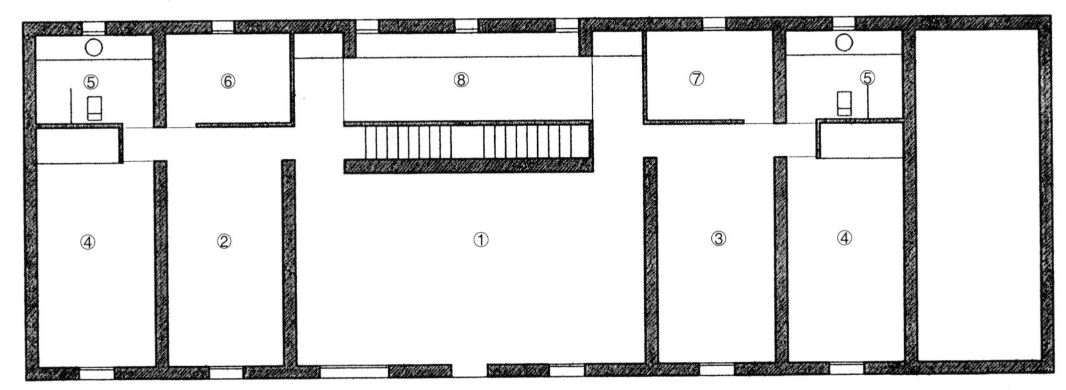

⑥

① 起居室 ⑤ 浴室
② 健身房 ⑥ 桑拿浴室
③ 藏书室 ⑦ 更衣室
④ 卧室 ⑧ 厨房

⑦

① 墓室 ③ 底座
② 天篷 ④ 水

⑧

⑨

⑥ 底座／洞穴平面图
⑦ 玻璃棚屋平面图
⑧ 起居室，正方形窗户框住了户外的风景
⑨ 洞穴与棚屋之间的连接
⑩ 两个水平平面突出了风景

摄影：铃木久雄（Hisao Suzuki）

OJMR 建筑师事务所（OJMR Architects）

笛福住宅翻修

美国，加利福尼亚，威尼斯

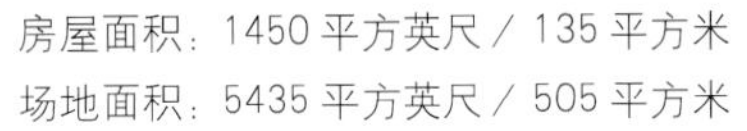

房屋面积：1450 平方英尺 / 135 平方米

场地面积：5435 平方英尺 / 505 平方米

材　　料：混凝土，木框架，钢柱，灰泥，道格拉斯冷杉，桃花心木，白色橡木地板，瓷砖，槭树橱柜

本项目包含翻修一幢始建于 1938 年的单层木框架住宅，扩大至 4 间卧室，3 间浴室，厨房，起居区，另外增加一层和 1200 平方英尺（111 平方米）的起居空间。

通过抽象的图示，墙壁沿垂直方向和水平方向扩展，以开拓空间，使得房间之间可以互相流动。有 4 个矩形块朝向前面，屋顶被向外扩大，越过前面朝南的大窗户，使后部沿水平方向延伸。

小角度，有坡度的屋顶线，倾斜的平面，以及沿房子长度的方向所作的切割，控制并切割了空间，使得最大化的光线可以调节整个住宅，也使得来自海上微风的自然冷却能够循环流通。考虑到 1990 年代的家庭生活，起居、用餐和做饭等公共区域都是自由流动的。建筑师摒弃了分开起居室和家庭活动室的观念，以换取更大的公共区域。此外，当整个社群和室内群落之间的联系通过巨大的临街玻璃窗建立起来的时候，私人区域也就成了公共区域。

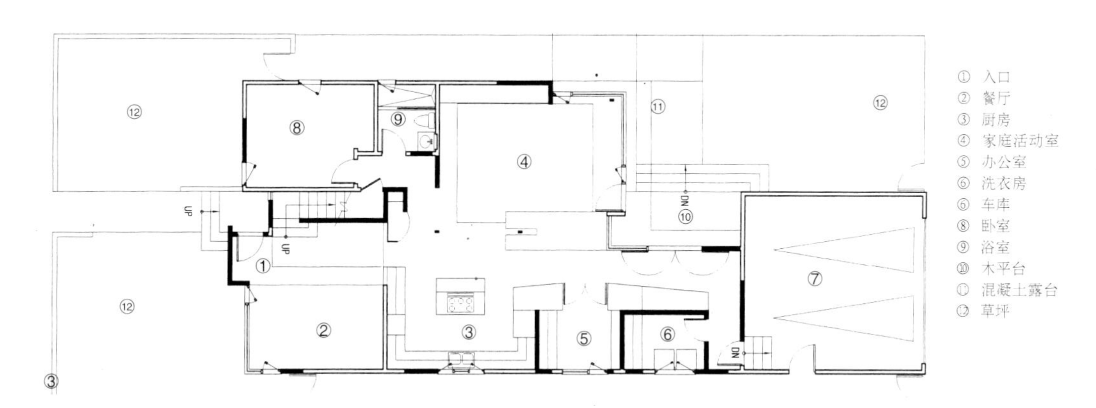

① 玻璃隔墙建立了房子与自然环境之间的联系，混合了私人空间和公共空间

② 设计中的微小角、倾斜的屋顶线和翘起的平面允许自然光调整，照进不同的房间

③ 翻修和扩大后的第一层平面图

④ 主卧室无缝通向浴室，没有任何分隔

⑤ 天花板和墙壁在高度上的扩展给起居室提供了一种宽敞而开阔的感觉

⑥ 巨大的玻璃窗充当了墙壁，自然光可进入起居室

⑦ 厨房最大化地利用了烹调区域，有更大的工作空间和橱柜

摄影：玛丽亚·安东尼亚·维特里
(Maria Antonia Viteri)

格康、玛格及合伙人建筑师事务所（Architekten von Gerkan, Marg und Partner）

曼克博士的住宅

德国，梅尔贝克

1

设 计 师：迈因哈德·冯·格康（Meinhard von Gerkan）-和乔基姆·蔡斯（Joachim Zais）
客　　户：苏珊娜（Susanne）和迈克尔·曼克（Michael Manke）博士
房屋面积：3767平方英尺/350平方米
场地面积：53820平方英尺/5000平方米
材　　料：钢筋混凝土，砖石工程，红雪松，钢，锡，山毛榉

本设计的出发点是客户本人对使用当代建筑元素的古典建筑的赞赏。两间附属建筑物和主房创造了一个朝向大路的庭院，保护了起居区免遭周围开发的影响。附属建筑物可以容纳4辆汽车，储存花园设备的库房，以及地下储藏室。

房子通过一个大厅进入，大厅在视觉上把入口层与上层连接起来，同时提供了视野，可以通过滑动门朝起居室的方向看到开阔的风景。房子的南立面完全是玻璃，有木质的遮光屏和伸出的屋顶，过滤光线，保护室内免遭强烈阳光的直射。

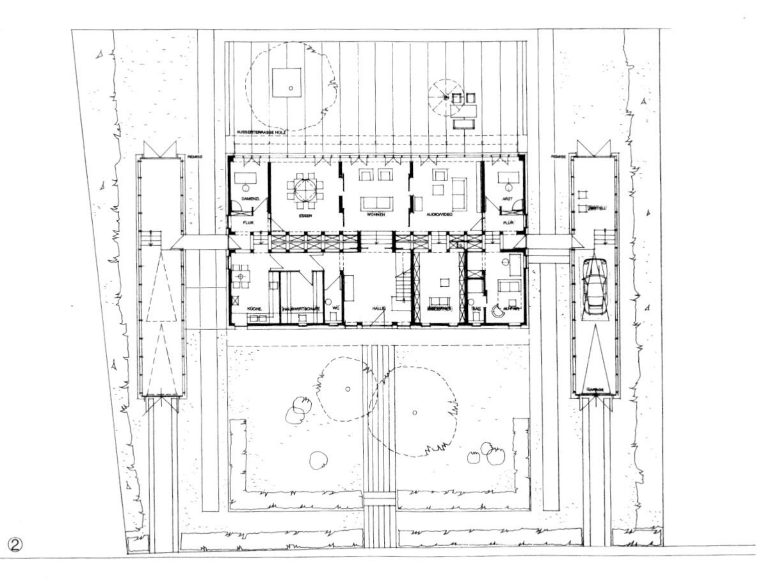

②

③

① 从有池塘的风景花园看到的景观
② 底层平面图
③ 露台墙壁侧景
④ 从入口到服务室的侧景
⑤ 入口前方正面

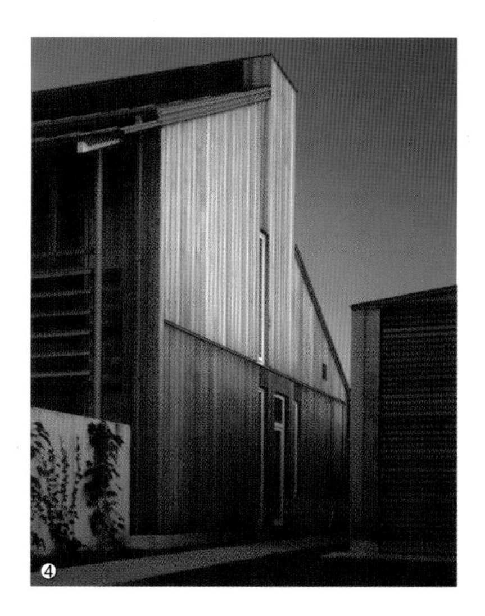

④

⑤

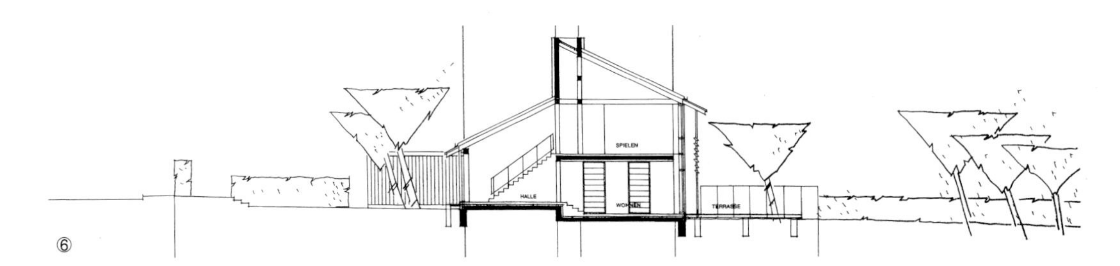

⑥

⑦

⑥ 横截面图
⑦ 中央起居室
⑧ 从大厅朝向中央起居区和花园看到的景观
⑨ 起居室内部，可以被活动门分隔开
⑩ 戏水台有窗户通向主卧室

摄影：多米尼克·赖帕卡
(Dominik Reipka)

阿尔弗雷多·德·维多建筑师事务所
(Alfredo De Vido Associates)

德雷克住宅

美国，纽约，西彻斯特

①

房屋面积：6000平方英尺／557平方米

场地面积：5英亩／2公顷

材　　料：木框架，混凝土基础，垂直的雪松壁板，石膏灰胶纸夹板室内，游泳池区域的木质天花板。

这块乡村土地轻微地向一片湖倾斜，一侧被悬崖峭壁所限制，另一侧被湿地所保护。这些因素限制了这片5英亩（2公顷）地产的可建区域。设计这幢房子的过程中，另外两个重要考量包括：需要一个室内游泳池，希望尽可能让更多的房间面朝风景。

建筑师的解决方案是把房子的入口置于山坡上的中层，其他房间从入口经由室内楼梯拾级而上，或顺阶而下，房间与山坡融为一体。在房子的中心部分，空间在不同的区域之间自由地流动。房间被设计得光线可以从展现风景的不同方向和窗户进入每间房，最底层是游泳池区域，一道弯曲的墙壁朝湖的方向蜿蜒起伏，给水的边缘增加了象征性的波纹。巴西木质天花板补充了水的蓝色。由于高处的房间必然居高临下地俯视房子的低矮部分，空间被设计得当你从室内看的时候充满视觉趣味。中性染色所组成的调色板强化了几何图形的变化。

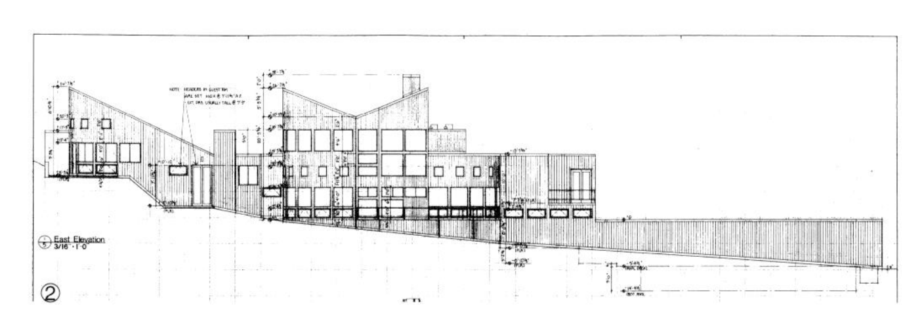

②

③

④

⑤

⑥

⑦

① 进入房子的通道
② 长立面图
③ 场地
④ 起居室
⑤ 入口
⑥ 餐厅
⑦ 游泳池

摄影：保罗·沃奇奥（Paul Warchol）

威廉·摩根建筑师事务所（William Morgan Architects PA）

德赖斯代尔住宅

美国，佛罗里达，大西洋滩

① 从北边看到的外部景观
② 东西截面图
③ 第四层平面图
④ 第三层平面图

房屋面积：1630 平方英尺 / 151 平方米
场地面积：7500 平方英尺 / 697 平方米
材　　料：雪松墙面板，胶合板，南方黄松，裸露的木地板和天花板，彩绘石膏墙面板

这个四层高的建筑被抬升到高踞于周围的海岸森林之上，房子的悬臂平台和起居空间俯瞰着东边相距几百英尺的大西洋，以及西边风吹树摇的森林。朝北朝南的墙上，最小化的开口确保了最大化的私密性，免遭这片狭窄的郊区土地上左邻右舍的打扰。

卧室、浴室和更衣室占据了住宅的中间层，而宽敞的车库和入口提供了从底层进入这里的通道。双子服务塔支撑了这幢建筑，抵挡偶尔出现的海岸风暴和飓风的袭击。楼梯占据着南塔，北塔包含机械系统，其中包括管道设施和空调设备。

双轴对称把住宅每一层上紧凑的平面组织了起来。裸露的屋面椽条和地板托梁被置于交替的中心，赋予室内以与众不同的规模和韵律。宽阔的悬挑和有棚顶的门廊保护了窗户强免遭风吹雨打、日晒霜凌。

由于受限于有节制的建筑预算，材料和省力的建筑方法是当务之急。建筑的节约手段包括安排楼梯系统充当走廊，利用结构底板既作为磨光地板，也作为天花板，并通过一个升降架，为建筑物预制了斜坡上的第四层地板和屋顶。

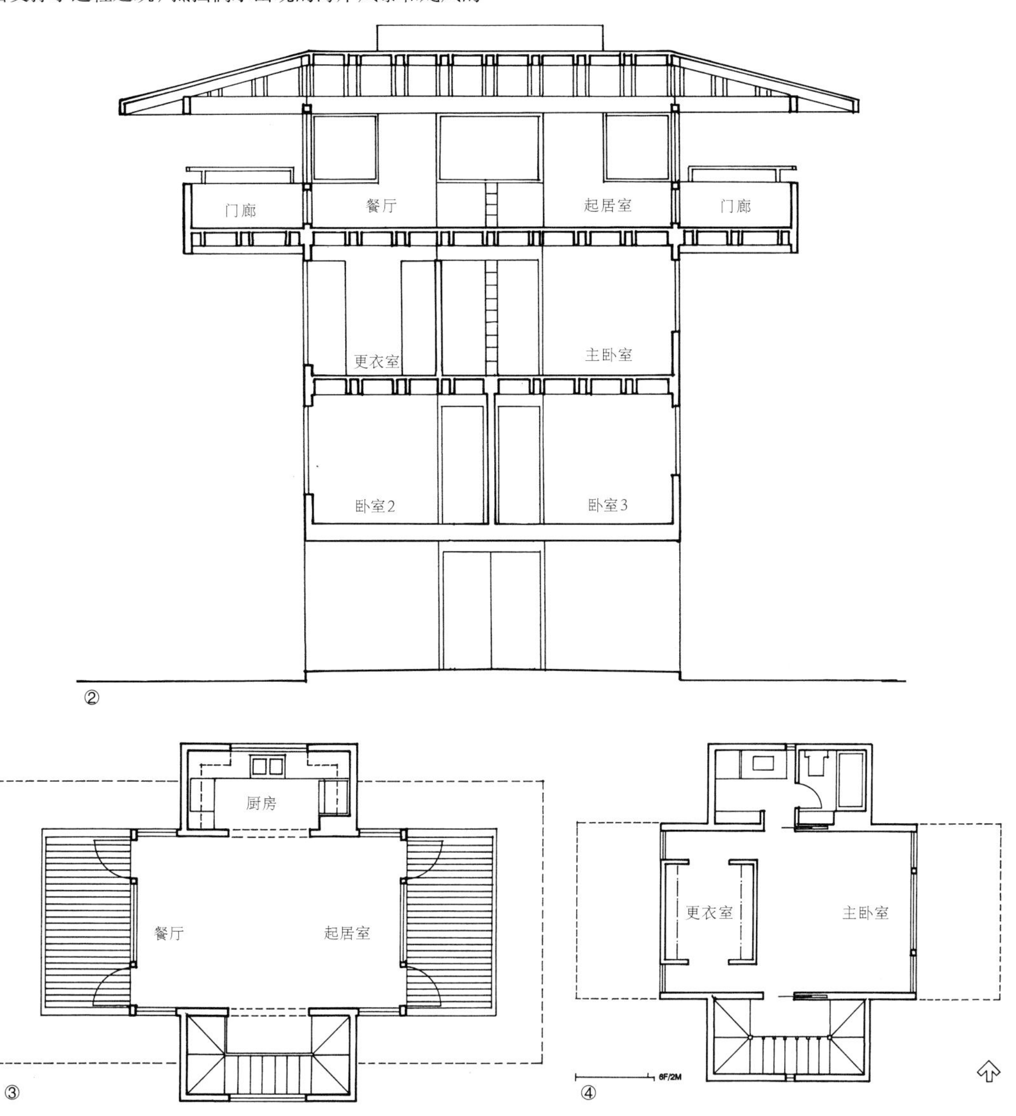

⑤

⑥

⑦

⑤ 从东边看到的外部景观
⑥ 内部楼梯
⑦ 厨房的内部景观
⑧ 第四层内部景观

摄影：乔治·科特（George Cott）

肯尼迪和维奥里奇建筑事务所
(Kennedy & Violich Architecture)

当代艺术画廊

美国，马萨诸塞

场地面积：6英亩／2.4公顷

材　　料：锌包层，雪松壁板，玻璃马赛克砖

这项工程在一个树木茂盛的6英亩（2.4公顷）场地上，把一个画廊附属建筑整合到了现有的住宅中，连同为艺术品设计的户外风景。这个项目的混合规划包括一个舞蹈空间，一间装备了高技术通信设备的办公室，一个游泳池，以及有两个外部庭院和一个雕塑花园的画廊空间，用于展示现当代艺术品收藏。设计方案需要把这一非同寻常的规划包含在一个单一的流动空间里；要提供最大化的墙壁空间，用于展示大型艺术品，以及小一些的绘画和印刷品；要把景观和自然光带进画廊，并保护艺术品免遭紫外线的损害。

本设计创造了6个相邻的、不连续的天花板和屋顶平面，为的是把现有的住宅与一系列新的空间统一起来，这些新的空间流过一个49英尺（15米）长的水池。一个可以居住的内部天窗井被悬置于水池之上，为的是把来自水面的、经过过滤的太阳光反射到画廊内。在夜里，天窗井充当了一个安静的空白空间，把光线反射到天花板上，用环境光照亮画廊。

这个项目重新定义了家庭生活、休闲和工作场所的分类，并为艺术提出了一种新的当代景观，提供了艺术博物馆和艺术画廊的制度化空间之外的另一种选择。这一设计提供了不同功能之间的新体验，使得客户能够把欣赏艺术品与生活和工作的活动紧密联系起来。

1

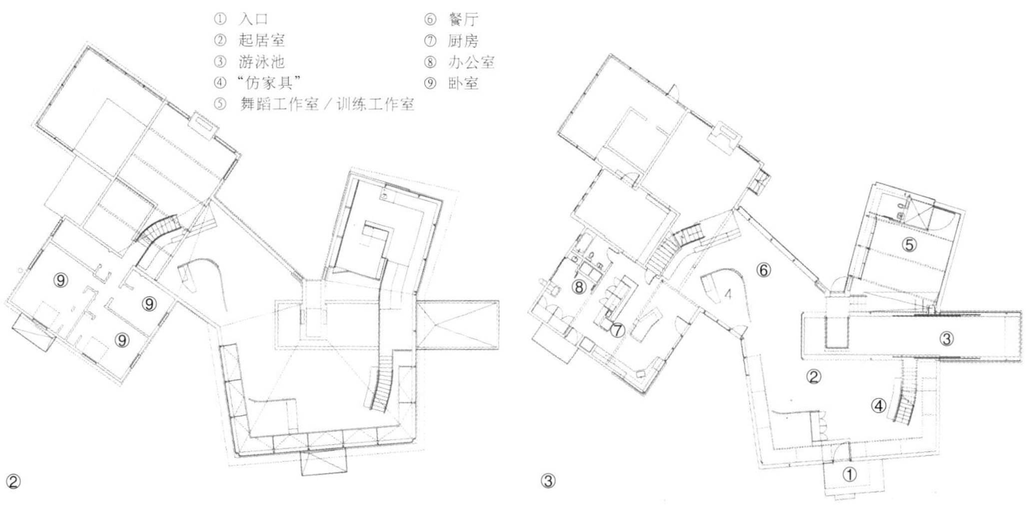

① 从有露台的雕塑花园看到的画廊景观
② 第二层平面图
③ 底层平面图
④ 画廊包锌主入口的景观
⑤ 西院景观，显示了从雪松纹壁板到有露台的雕塑花园之间的过渡
⑥ 东院一角

⑦

⑧

⑨

⑩

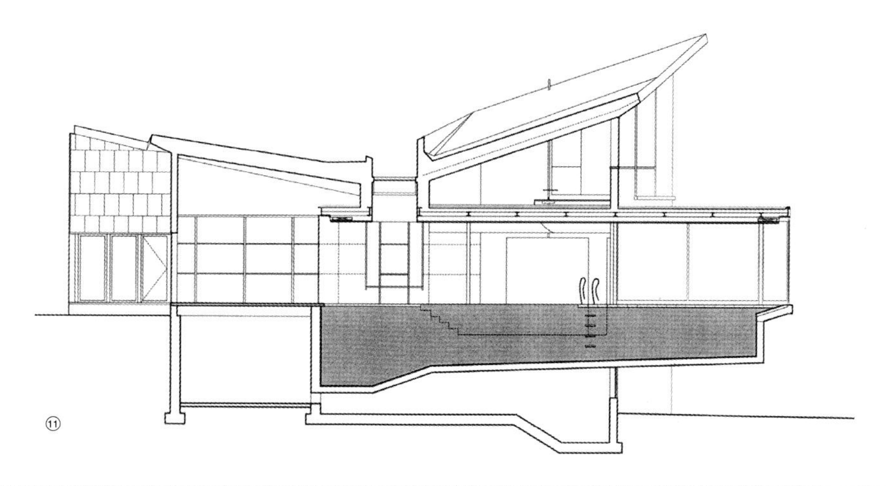

⑦ 从第二层办公室看到的游泳池向外伸出部分的内部景观
⑧ 厨房吧台和旁边的橱柜
⑨ 从镶嵌玻璃铺成的游泳池尽头朝向雕塑蓄水池看到的景观
⑩ 画廊内部景观，以及通向高科技办公室的栈桥
⑪ 横截面图，显示了部分伸入画廊空间内并向外伸入雕塑花园（右）的游泳池
⑫ 透过组成图案的耐热玻璃向西院看到的舞蹈工作室景观

摄影：布鲁斯·T．马丁（Bruce T. Martin）

奥尔森·山德伯格·昆迪希·艾伦建筑师事务所
(Olson Sundberg Kundig Allen Architects)

花园住宅

美国，加利福尼亚，阿瑟顿

房屋面积：10441 平方英尺 / 970 平方米

场地面积：59202 平方英尺 / 5500 平方米

这幢房子源自于客户在日本的旅行，以及他们想在自己生活了 30 年的地方再建新宅的愿望。京都的桂离宫给他们留下了深刻的印象，他们希望捕捉它的灵魂，使之适应于我们的时代和文化。

场地、房子和艺术的整合透露了本设计的信息，与丘陵风景的关联是至高无上的考量。有三个主要的概念要素："花园"（餐厅，入口，以及一个可以通到花园的画廊），"私室"（家庭活动室、厨房和卧室），以及"大殿"（一个用作起居和展示室内艺术品的亭阁）。

成对的立柱，把内外空间编织在一起，组成了一条小径，俯临花园。环境艺术被安置在那里。私室更传统，两层高的空间与山坡连为一体，强化了环保的观念。大殿搁置了现实，使人的注意力转移到精神的或非物质的事物上。反光底板和弯曲的浮动天花板巧妙地溶解了空间，并事实上延伸了时间。在大殿中占支配地位的，是艺术家黛博拉·巴特菲尔德（Deborah Butterfield）制作的一尊巨大的钢马。

日本的影响不仅在观念上，而且在细节上都可以感觉到：成对的圆形木柱及其黑色金属柱脚和柱头，上方横梁那技巧娴熟的细木工，以及被巨大的金属带和铰链捆绑在一起的木板做成的入口大门。

三十年的家庭史激发了重新利用这块场地，而不是在别的地方新建住宅的决心。花园尽可能完好无损地保留了下来，回收利用的观念导致从旧工厂里回收了那些木柱和地板材料。木料保留了未上油漆的自然状态。色彩（如果使用的话）是沉静的，往往是灰色、黄褐色和绿色。结果是一幢与自然和环境相协调的住宅，为家庭的生活起居提供了一个振奋人心却安静祥和的庇护所。

1

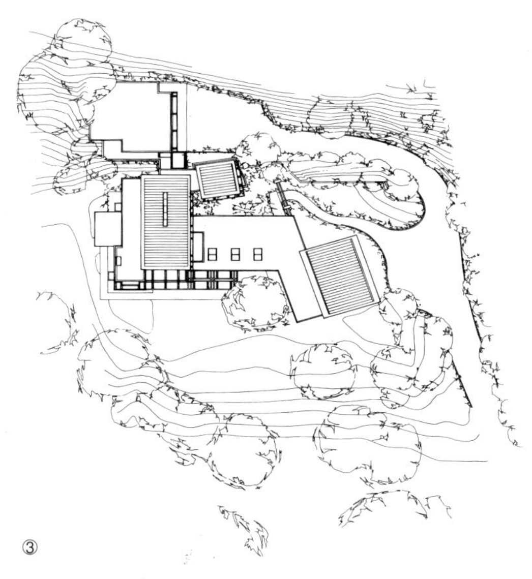

① 南正面
② 从院子看到的南正面
③ 场地平面图
④ 有水景的南正面
⑤ 起居阁与画廊之间的区域

⑥

⑦

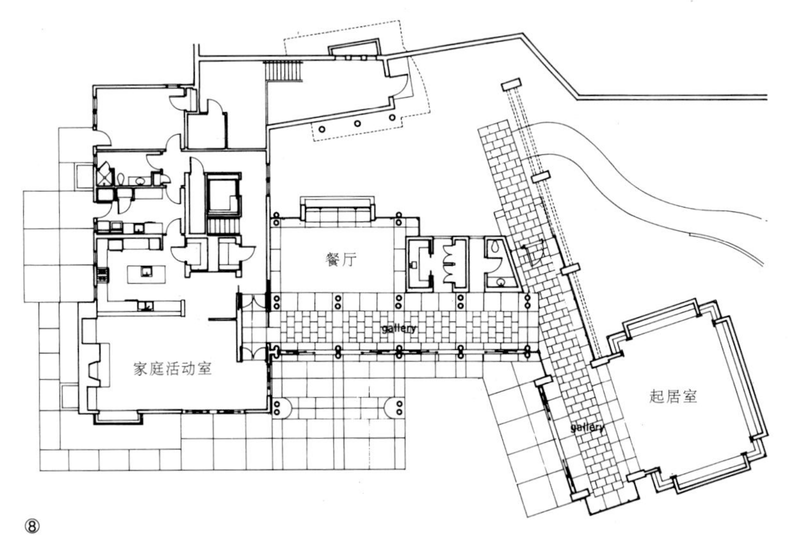

⑧

⑨

⑥ 左侧有入口的起居室局部
⑦ 从入口看到的画廊景观
⑧ 主层平面图
⑨ 起居室全景
⑩ 邻近起居室的画廊

摄影：布鲁斯·范·英韦根（Bruce van Inwegen，1、2、7、9），
保罗·沃奇奥（Pual Warchol，4–6、10）

帕桑森建筑师事务所（Parsonson Architects）

吉布斯住宅

新西兰，惠灵顿，伊斯特本

客　　户：乔治（George）和基娜·吉布斯（Keena Gibbs）
房屋面积：2863 平方英尺／266 平方米
场地面积：29.6 英亩／12 公顷
材　　料：已加工的松木，波纹彩钢，彩绘纤维水泥板，柳叶桉

客户热爱新西兰，对这块在家族手中传承了四代人的场地有一种强烈的喜爱。他们的愿望是，要建一幢具有自然精神的房子，与它周围的环境相关联，能在他们即将退休的岁月里为他们提供一个家，在那里招待家人和朋友。

走进房子，有一种舒展感。从下面看，它是一道牢固的直线墙，把山毛榉树林隐藏在墙后。入口通过这道墙，拾级而上，使人可以看到森林和海港，房子被点亮，并在不同的方向上展开。

以隐喻、线条、层次、光和影，对这片树林作了抽象的参考。主层的屋顶与四面的墙壁分离开了，为的是扩大混凝土的轻盈感和精致感。这个主层成了一个不同视野的观景平台，空间之间的开放和分隔都有分层。大多数景观，要么是透过细长的山毛榉树干看到的，要么是透过建筑物的漂亮构件看到的。

1

① 从森林看到的起居区景观
② 由起居室阳台看到的景观
③ 通过森林看到的房子景观
④ 从路上看到的景观
⑤ 场地平面图

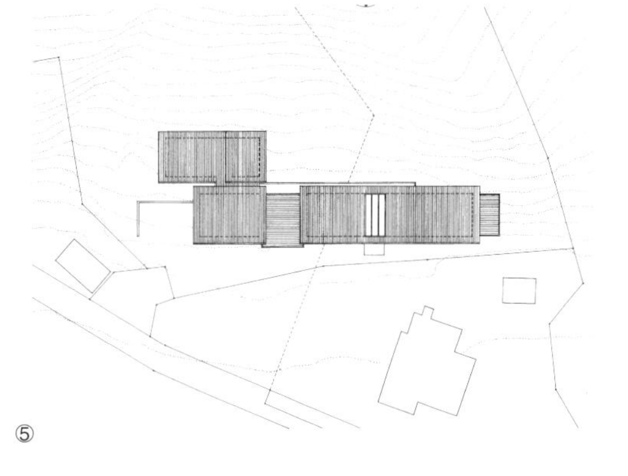

⑤

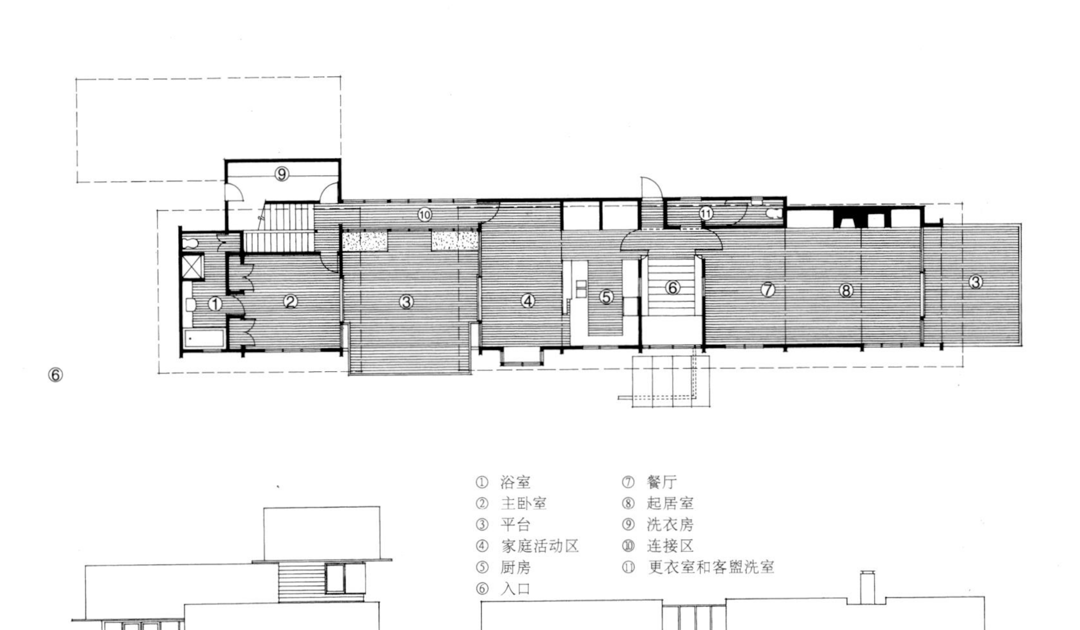

⑧

⑨

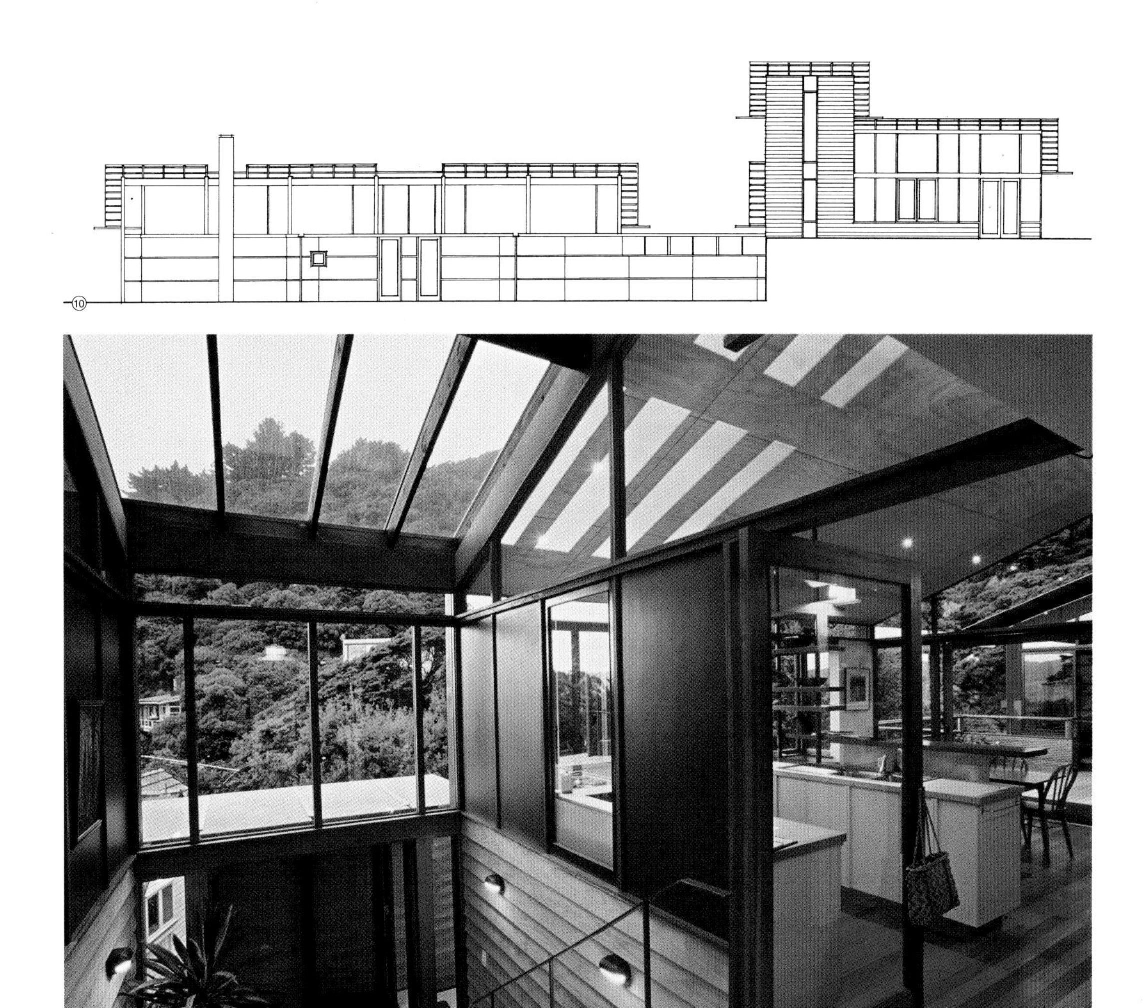

⑥ 主层平面图
⑦ 北立面图
⑧ 从家庭活动室看到的厨房景观
⑨ 通过起居室看到的海港景观
⑩ 南立面图
⑪ 由入口楼梯向下看到的景观

摄影：格兰特·席安（Grant Sheehan）

六度建筑师事务所（Six Degrees Architects）

绿街住宅

澳大利亚，维多利亚，墨尔本

房屋面积：1561平方英尺／145平方米

场地面积：1367平方英尺／127平方米

材　　料：现有的砖壳，玻璃，铝，木料，卵石混合料，钢

当目前的业主（一位艺术家和一位平面设计师）买下这幢住宅的时候，它已经经历了一段漫长的历史：不同的业主对它进行过多次翻修，他们有不同程度的建筑专业知识。最初，它是一幢维多利亚式的连排住宅，有一个1960年代的铝质店面窗，朽材底层顶上浇筑了混凝土，有一个木料和砖墙建成的养兔场。

在许多年的时间里，这幢住宅经历了三个发展阶段，而且预算都紧巴巴的。废弃物被从建筑物中移去了，在拆除了内部几乎所有建筑结构之后，只留下了最初的实心砖壳。与原先很多狭窄的空间和走廊形成鲜明对照的是，只保留了4个大的空间。还建了一个简单的台子，作为厨房的工作台，并使得业主在4个整洁大空间之外也能够生活。

没有翻修正面，而是增加了一个新的建筑面，高悬于1960年代铝质店面和最初维多利亚式正面的残留部分之上，并对之加以保护。有一段重新组合的玻璃幕墙，是从通用汽车公司在墨尔本城外的工厂里回收来的，做成了现有正面的壁架，使建筑物的外表焕然一新，并缓和了西天骄阳的照射。

最后的要点是为楼上提供一间浴室，一个储藏间，两间卧室，以及一个起居空间。一个天窗从头至尾贯穿整个楼上，把所有房间连在一起。矩形构造被用来分开不同的用途。没有与墙壁之间的物理连接，为的是让这些物体浮动起来，在绝对必要的时候用玻璃隔音。滑动屏风分开孩子的卧室，并安全地把楼梯遮挡起来。楼上的起居室与插入的水平平面一起发挥作用，在这些平面上，可以坐，可以躺，也可以储物。

① 临街立面图
② 截面图
③ 临街立面图局部
④ 厨房和用餐区
⑤ 从楼梯俯看工作室
⑥ 起居区

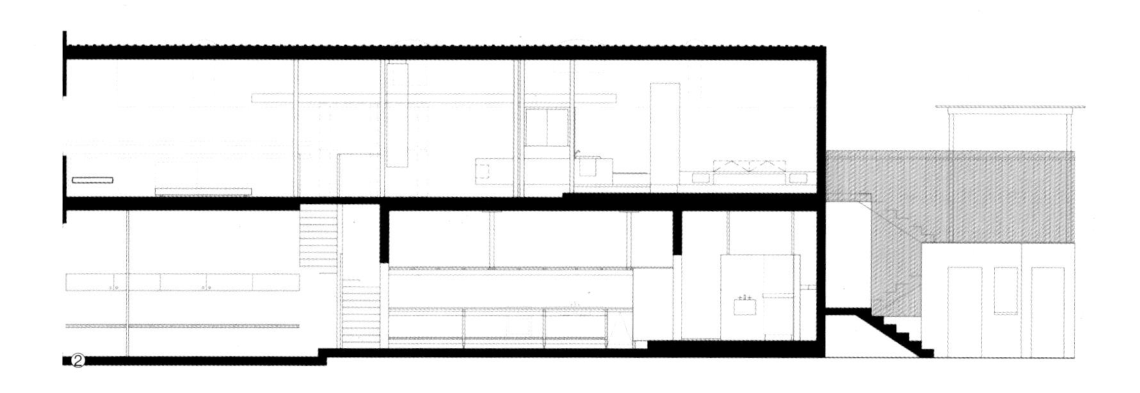

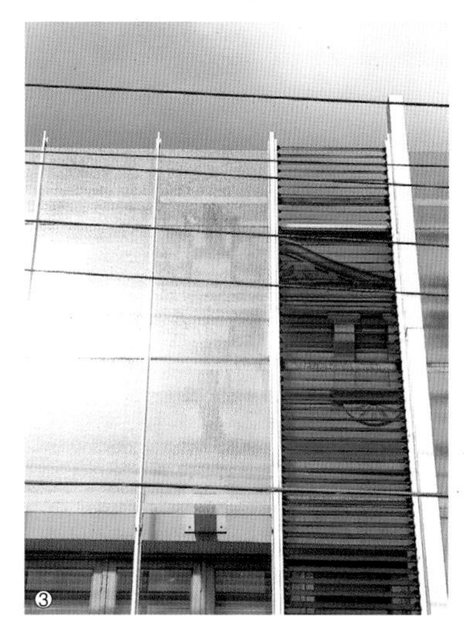

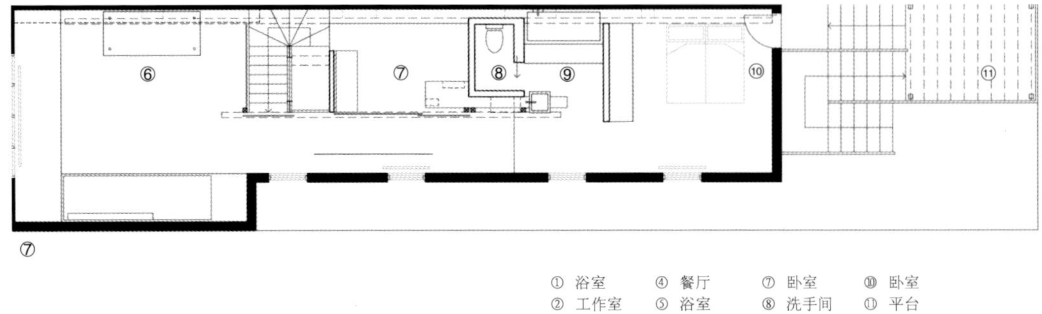
⑥
⑦
⑧
⑨
⑩
⑪

⑦

① 浴室
② 工作室
③ 厨房
④ 餐厅
⑤ 浴室
⑥ 起居室
⑦ 卧室
⑧ 洗手间
⑨ 浴室
⑩ 卧室
⑪ 平台
⑫ 储藏室

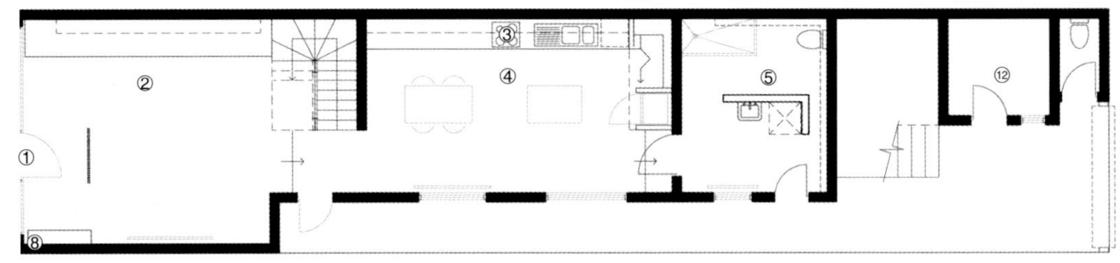
①
②
③
④
⑤
⑫

⑧

⑨

⑩

⑦ 第一层平面图
⑧ 底层平面图
⑨ 从东边看到的起居室
⑩ 从西边看到的卧室
⑪ 第一层卧室

摄影：特雷弗·米恩（Trevor Mein）

赫利维尔＋史密斯·蓝天建筑事务所（Helliwell+Smith Blue Sky Architectures）

格林伍德住宅

加拿大，不列颠哥伦比亚，加利亚诺岛

房屋面积：3000平方英尺／279平方米

材　　料：红雪松，铜，玻璃，砂岩，樱桃木地板和橱柜，榻榻米垫子，石膏板

这幢房子坐落于加利亚诺岛（不列颠哥伦比亚海湾群岛之一）西北边缘的一个浅滩地带，西南以特林可马里运河的水为边界，东南紧挨着茂密的森林。可用场地受制于缩进的需要，既要从高潮线往后缩进，又要从另一侧岛上的主路往后缩进。

一根直径14英寸（35.5厘米）的正梁与海岸线平行，为一个连续调节的结构骨架充当了基准线，这个骨架由直径9英寸（22.8厘米）的椽子构成。这一结构体系在一组外部房间的各端暴露，向外伸入到了风景中，让人联想到一条被冲上岸的大鱼的皑皑白骨。大海一侧屋顶的运动被调整得契合海水的景观、反射光、现有植被和阴影。在森林一侧，一个连续的天窗提供了凉爽，使森林的光线斑斑驳驳。

屋顶框架通过一系列贯穿整个建筑的、排列有序的立柱与地面相连接。立柱之间的隔板把整个设计组织了起来，以产生小的空间。设计中的分隔，通过地板表面的处理，得到了进一步的增强。起居区和卧室的地面铺的是很宽的樱桃木板，而入口、厨房和多功能区则被连续的石板带连接在一起。

①

②

③

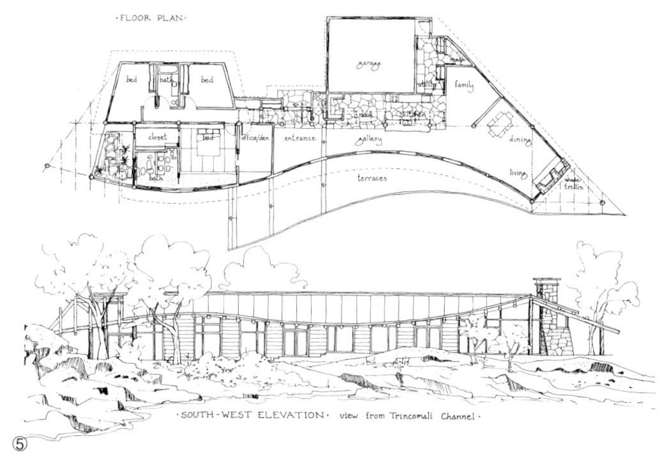

① 西墙
②③ 西立面图
④ 正对入口的画廊
⑤ 楼层平面图和西南立面图
⑥ 主卧室
⑦ 起居室
⑧ 从厨房看到的画廊

摄影：约翰·福尔克（John Fulker）

哈里·赛德勒建筑师事务所
(Harry Seidler & Associates)

汉密尔顿住宅

澳大利亚，新南威尔士，沃克吕兹

场地位于悉尼最重要的郊区一个很大的山顶上，向西俯瞰着城市天际线壮观的景色，向北正对海岸线。业主一直生活在这里，他们先前的老房子被拆除了，在入口车道庭院里保留了一棵高大的老桉树。房子被定位在这棵树的后面，位于场地的顶端。

坚固性耐久材料的使用，以及宽敞的空间，给这幢三层住宅的设计定下了基调。基本上是矩形的平面图被华丽弯曲的形态结构所环绕，回应了需要：阳台为了户外家具组合而被拓宽了，书房“揽进”了更多的城市景观，作为焦点的螺旋楼梯被来自圆屋顶的光线所照亮。在入口的上方，屋顶呈S形水平伸出，并垂直向下延伸，以给予保护——它的形态在前门上方两层高的内部空间中得到了反映。

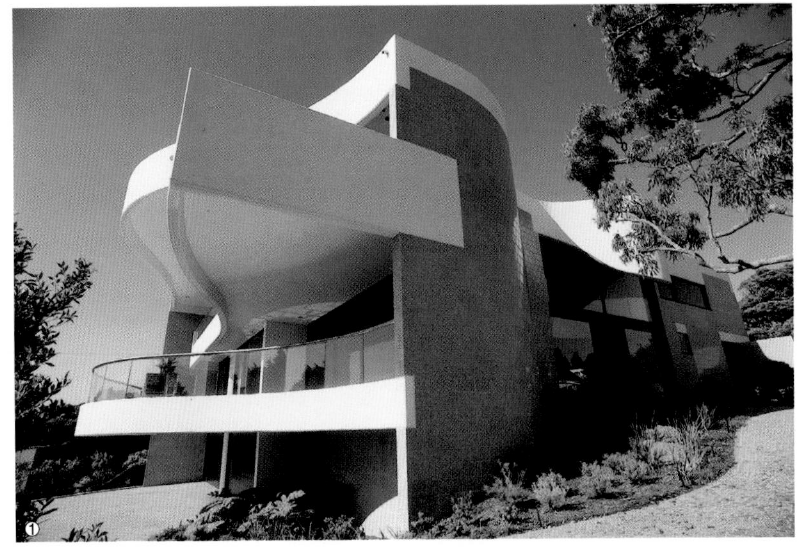

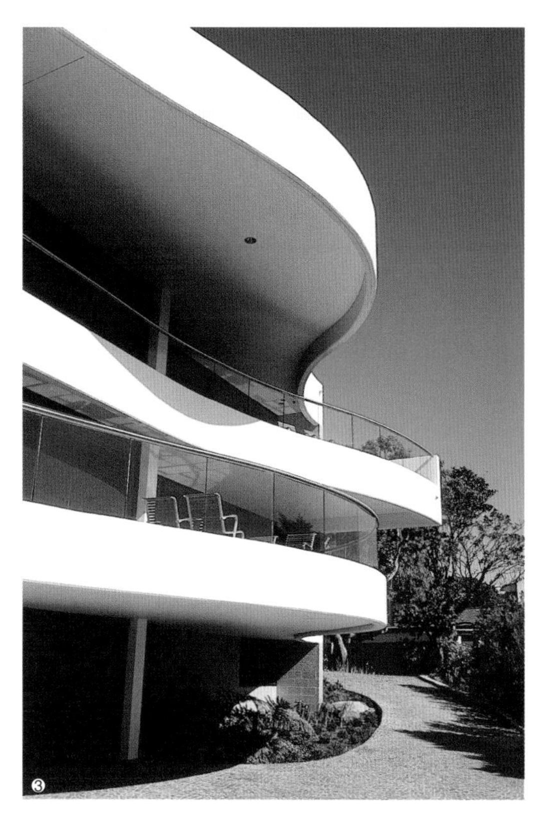

① 入口车道和侧露台景观
② 入口车道
③ 侧露台景观
④ 风景一面的露台
⑤ 通向前空间的入口及环形楼梯
⑥ 弯曲的入口车道

⑦ 餐厅
⑧ 起居空间
⑨ 环形楼梯上的空间
⑩ 从卧室看到的书房景观
⑪ 厨房（花岗岩和不锈钢）
⑫ 底层平面图
⑬ 第一层平面图
⑭ 环形入口楼梯
⑮ 主浴室

摄影：哈里·赛德勒建筑师事务所
(courtesy Harry Seidler & Associates)

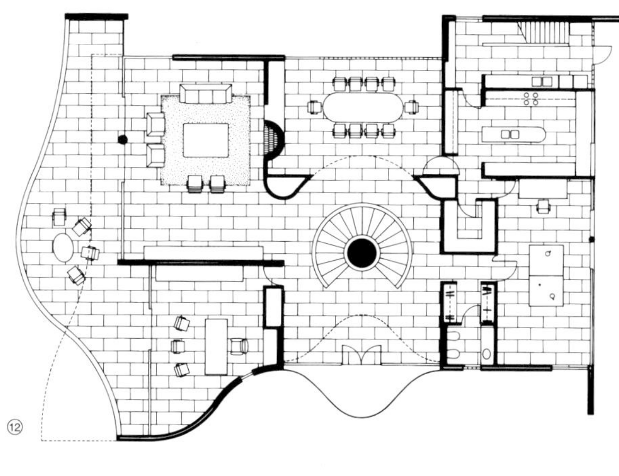

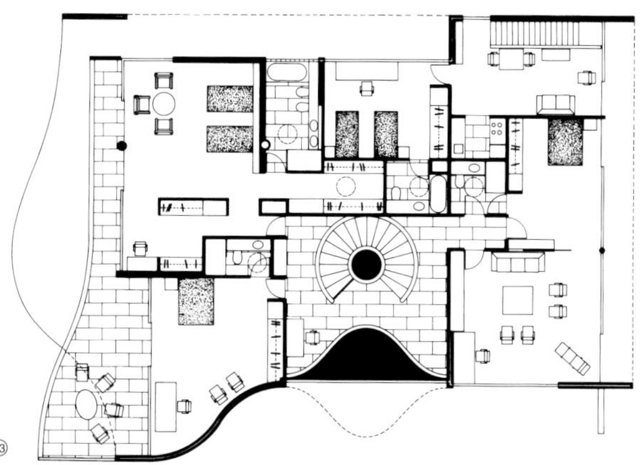

克莱尔建筑设计事务所（Clare Design）

哈蒙德住宅

澳大利亚，昆士兰，阳光海岸

❶

客　　户：查尔斯（Charles）和谢丽尔·哈蒙德（Cheryl Hammond）
房屋面积：861 平方英尺 / 80 平方米
场地面积：42 英亩 / 17 公顷
材　　料：波纹镀铝锌板，一级耐久硬木材，南洋杉胶合板

与周围的广阔风景形成鲜明对照的是，这幢住宅被简化为十分简单的元素，在规模、形式和预算上都很有节制。偏僻的场地从南向北俯瞰着阳光海岸和太平洋的全景。房子的选址，为的是能够最大化地利用方位，同时细心地考虑到了气候条件和乡村背景。房子位于昆士兰暴风地区之内，这幢建筑是针对 60 米 / 秒的风速而设计的。

由于它的偏僻位置，这幢房子被设计得能够利用很多预制的和预切割的构件。偏僻也迫使这幢房子必须自给自足，满足客户想要最小化能源消耗和利用基本生态学设计原则的愿望。能源和资源消耗的减少，连同大规模人造林木材的使用，证明了可持续设计策略能够被用在小项目中，实现有价值的效果。

房子利用了昆士兰地区传统住宅的结构，同时代表了建筑过程与建筑设计之间的相互作用。这在它的低成本、规划和结构简单上有着恰当而广泛的应用。这幢房子的结构，是先前在克莱尔住宅中使用过的那套“体系”的进一步发展和改编，并证明了这一方法中所包含的灵活性。

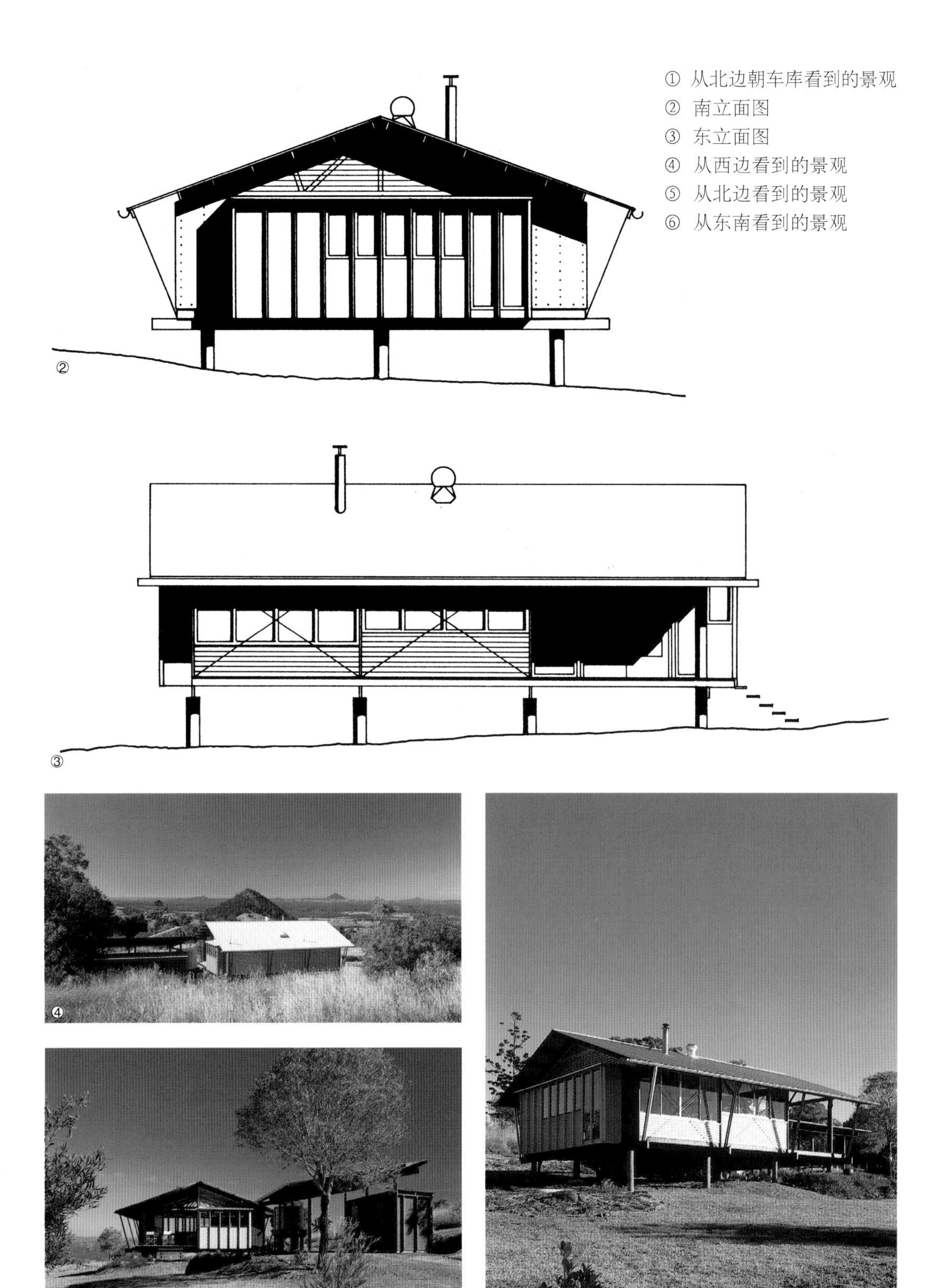

① 从北边朝车库看到的景观
② 南立面图
③ 东立面图
④ 从西边看到的景观
⑤ 从北边看到的景观
⑥ 从东南看到的景观

⑦

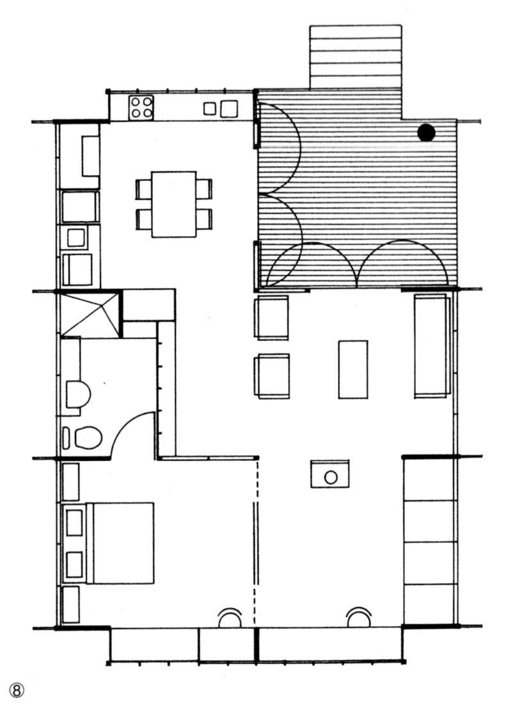

⑧

⑨

⑩

⑦ 从北边看到的内部景观
⑧ 底层平面图
⑨ 从南边看到的内部景观
⑩ 从浴室东望书房阳台
⑪ 从入口阳台看到的厨房

摄影：约翰·戈林斯（John Gollings，1），阿德里安·博迪（Adrian Boddy，4～6），莱纳·布伦克（Reiner Blunck，7、9～11）

隆尼 · 里克斯 · 基斯建筑事务所（Looney Ricks Kiss）

港城住宅

美国，田纳西，孟菲斯

房屋面积：3500平方英尺 / 325平方米
场地面积：8712平方英尺 / 809平方米
材　　料：粉饰灰泥，石灰华，地毯，镶饰胶合板，花岗岩

这幢住宅位于一个传统开发区的核心地带。设计师所面临的挑战，是业主在当代环境中对功能性和审美的要求，同时还要满足开发区设计指南的要求。指南要求，古典而传统的住宅建筑中所具有的功能元素应该保留（例如升高的第一层，前门廊或入口，整体的垂直比例，以及作为次要元素的前端装载车库）。

业主的计划是要创造这样一个家：它应该向街道呈现一幅强大、抽象然而很谦恭的图像，最大化适合于内部空间的规模和容积，并满足这样一个有时候显得互相冲突的愿望：庄重却简朴的室内。

入口充当了前门廊，同时也在一定程度上提供了公共空间和私人空间之间的分隔。入口和门厅所在的楼层被抬高了，以符合开发区设计指南的要求。这幢住宅随后的空间拾级而下，通向后露台，帮助界定和提高了室内的规模和容积。

②

③

④

⑤

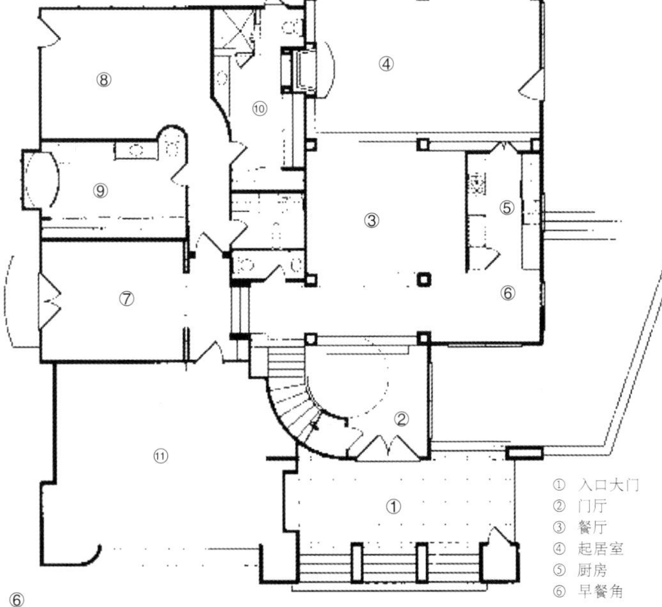

⑥

① 眺望餐厅露台看到的侧景
② 带有凉亭的游泳池露台区域
③ 入口大门和凹进的车库
④ 升高的门厅
⑤ 拾级而下的起居区
⑥ 第一层平面图

摄影：杰弗里·雅各布斯（Jeffrey Jacobs）／建筑摄影有限公司（Architectural Photography, Inc.）

住宅+住宅建筑师事务所（House + House Architects）

两位建筑师的住宅2号

墨西哥，圣米格尔·德·阿连德

房屋面积：2000平方英尺／186平方米

材　　料：钢筋混凝土，砖石结构，粉饰灰泥，板岩，鹅卵石，瓷砖，钢，混凝土，木料

这幢房子充满了花园和光，从墨西哥一个有着450年历史的美丽的殖民地小城圣米格尔护城的历史中心，西到一条安静的街道，一共有4个街区。入口、起居室和厨房通到一个栽满植物的露台。一段由暗红色圆柱组成的圆弧紧靠着深蓝色的墙壁，使主卧室通到一个私人花园。主浴室包含一棵古老的石榴树，它的瓷砖壁画包含深蓝色、赭色、绿色和暗红色，在点点滴滴经过过滤的太阳光下闪烁光彩。楼上，每间卧室都有一个私人阳台，共享一个有棚顶的露台和浴室；一间磨光绿色混凝土做成的圆柱形淋浴室，顶上覆盖着玻璃，可以看到天空永恒的风景。

弯曲的楼梯蜿蜒而上，磨砂灯对着20英尺（6米）高的蓝色露台墙闪闪发光。锈迹斑斑的壁式烛台，其行进的节奏与天窗和栏杆相一致。钢窗的格子从地板一直跨到天花板，以一种看不见的拥抱把室内和室外连在一起。迷人的芒果色、钴蓝色和嫩绿色，是用自然矿物质着色的石灰乳。一束束光线从正方形立柱之间溢出，洒到一张有200年历史的木工桌上，这张桌子被框了起来，成了11英尺（3.3米）长的餐桌。这幢住宅是现代的，然而却浸润着最深厚的墨西哥传统。

① 从入口看到的庭院景观
② 正对入口的庭院景观
③ 第二层平面图
④ 起居室
⑤ 主卧室
⑥ 第一层平面图
⑦ 起居室与餐厅

摄影：史蒂文·豪斯（Steven House）

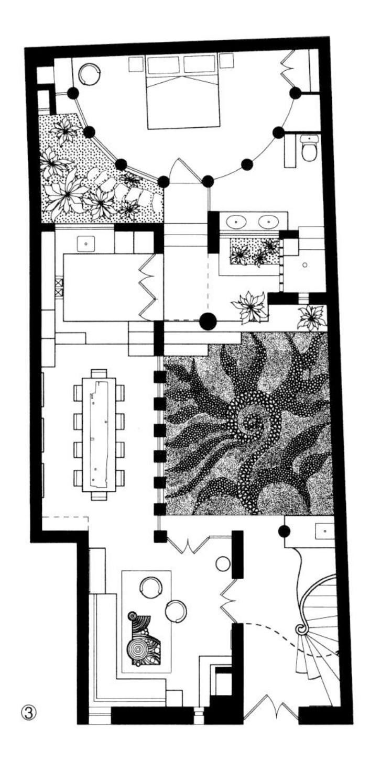
③

④

⑤

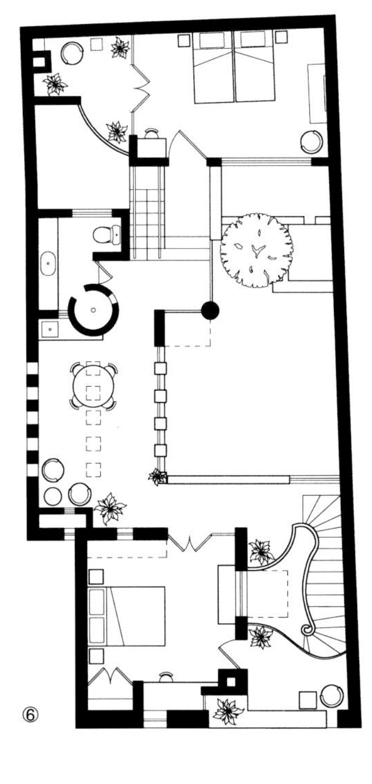
⑥

⑦

巴顿·迈尔斯合伙公司（Barton Myers Associates Inc）

托罗峡谷的房子

美国，加利福尼亚，蒙特西托

客　　户：维基（Vicki）和巴顿·迈尔斯（Barton Myers）
房屋面积：5995平方英尺／557平方米
材　　料：结构钢，金属，混凝土，粉饰灰泥，灰泥，铝，镀锌钢百叶窗

这幢房子由一排钢铁阁楼建筑组成，共有4座阁楼，被放置在3个台地上，沿整个场地逐级上升。这些建筑的顺序利用了场地的地形，使风景受到的影响最小化，同时，它的南北方向最大限度地利用了坐北朝南的方位和优美的景观。

循环利用的水池系统被包含在屋顶中，使整个建筑变成了一系列呈阶梯状的倒影池塘。水从一个水池溢出到另一个水池，像瀑布一样向下流过一排屋顶。这些水池充当了防火屋顶的集合和隔离带，客房顶部的水池用作健身游泳池。

每幢建筑都有一个暴露的钢结构框架，带有金属平台骨架及混凝土拥壁和地板。结构是开放式的，阁楼空间被装有玻璃的铝质卷帘门所包裹，可以在不同程度上打开和关闭。朝南的通风窗提供了全景视野，可以看到山景，并通过利用吹到山坡上的海洋微风，提供了足够的自然通风。在每一个开口的上方，镀锌的防火卷帘门防护了这一地区常见的山林火灾，并创造一个了次要的包层，提供了额外的隔热和遮阳装置。

①

②

③

④

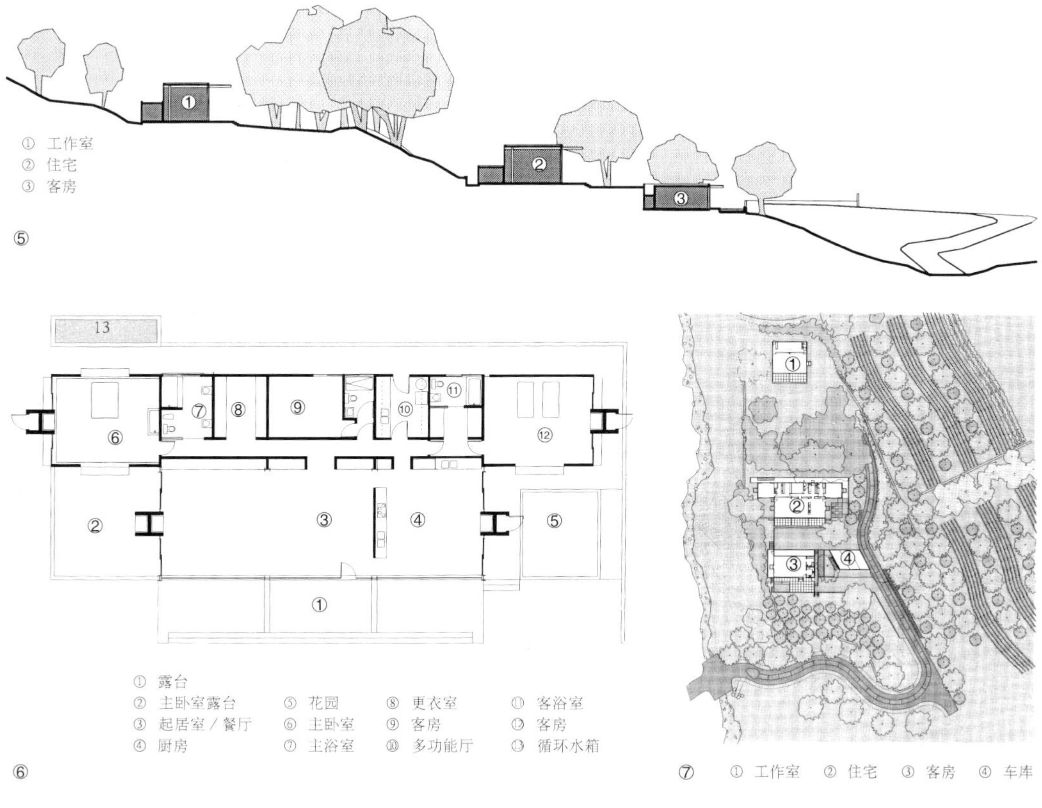

① 从东边的葡萄园看到的全景
② 客房局部，循环利用游泳池和泄洪道
③ 工作室建筑，带有向上卷起的卷帘门
④ 客房，南正面
⑤ 场地截面图
⑥ 主房底层平面图
⑦ 场地平面图
⑧ 主房后正面，屋顶在夜色中映照着游泳池
⑨ 可以看到大西洋风景的起居室

摄影：格兰特·马德福特（Grant Mudford）

斯瓦贝克合伙人事务所（Swaback Partners）

索诺兰沙漠的住宅

美国，亚利桑那，斯科茨代尔

客　　户：罗恩(Ron)和凯·麦克道格尔(Kay McDougall)
房屋面积：9074平方英尺／843平方米
场地面积：56580平方英尺／5256平方米
材　　料：本地石材，铜，青铜门，粉饰灰泥填料，花岗岩部件，灰泥墙和天花板，石地板，定制磨光构件

场地的地形构成了一个自然的碗形，一切都聚焦于一个高尔夫球场和一个崇山峻岭的水平剖面。在已规划的建筑覆盖区内，场地自街道至远端升起了12英尺（3.6米）。这块场地提出了两个主要挑战：如何处理地上的12英尺（3.6米）落差，所有最美的景观都在上层；如何安排将近12000平方英尺的有界区域，加上游泳池、露台和车道，而不损失场地的美。

倾斜的场地通过叠加两个单层平面来解决，各有自己的车库。弯曲的楼层平面图把所有室内空间的焦点都集中于最理想化的视野，可以看到高尔夫球场和远山的景观。5个室外露台通过台阶相连，提供了上层与下层之间优雅的过渡，半道上是游泳池。

主要的外部材料是干式堆积的本地石墙，有铜屋顶和铜招牌。外门包裹着青铜，这一设计特征遍及整个住宅。室内特征包括定制的家具陈设，完整的雕塑，花架，以及定制的照明设施。

① 从入口侧看到的全景
② 从高尔夫球场看到的夜景
③ 青铜装饰的车库大门
④ 三维铜招牌
⑤ 下车库车道，通到上车库，注意曲线型的石砌入口
⑥ 带有银叶和黑色花岗岩的青铜雕塑
⑦ 入口雕塑局部

⑧ 弧形画廊，以定制壁龛和玻璃雕塑为特征
⑨ 定制灯和餐厅枝形吊灯由建筑师设计
⑩ 顶灯凹口突显了圆形特征
⑪ 定制餐桌按照房子的半径弯曲
⑫ 主层平面图
⑬ 底层平面图

摄影：迪诺·托恩（Dino Tonn）

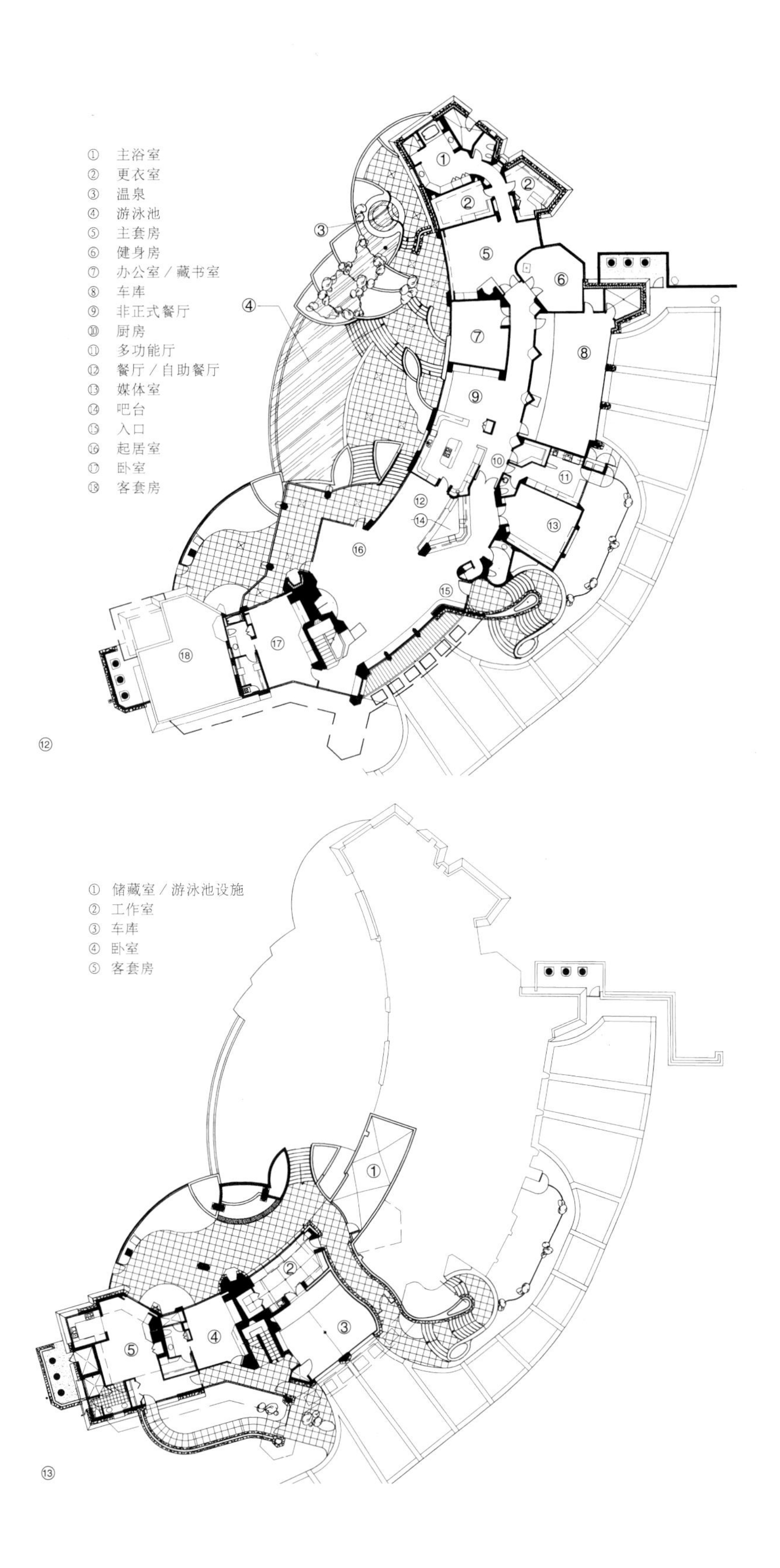

① 主浴室
② 更衣室
③ 温泉
④ 游泳池
⑤ 主套房
⑥ 健身房
⑦ 办公室／藏书室
⑧ 车库
⑨ 非正式餐厅
⑩ 厨房
⑪ 多功能厅
⑫ 餐厅／自助餐厅
⑬ 媒体室
⑭ 吧台
⑮ 入口
⑯ 起居室
⑰ 卧室
⑱ 客套房
⑫
① 储藏室／游泳池设施
② 工作室
③ 车库
④ 卧室
⑤ 客套房
⑬

杰斯蒂科＋怀尔斯建筑事务所（Jestico ＋ Whiles）

未来的住宅

英国，威尔士，圣法甘，威尔士生活博物馆

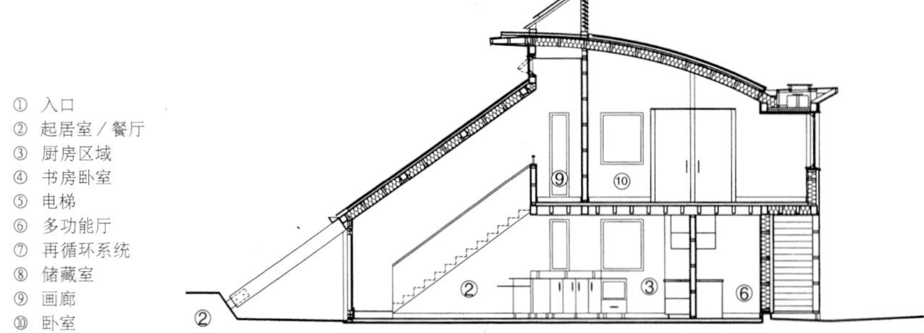

客　　户：威尔士自然博物馆及画廊
房屋面积：1722 平方英尺 / 160 平方米
场地面积：7535 平方英尺 / 700 平方米
材　　料：木框架，羊毛隔热材料，纤维隔热材料，粘土板和粘土灰泥，橡树雨幕包层，石灰底灰

威尔士自然博物馆及画廊和BBC威尔士委托建造一幢新房子，与一批历史建筑并排而立，这些建筑组成了位于圣法甘（威尔士的加的夫附近）的威尔士生活博物馆。这幢建筑包括一个梁柱木框架，是用本地生长的橡树预制的。一道木壁骨超隔热墙把这幢建筑的三块场地包裹了起来，使得窗户和门的灵活性最大化。这道墙外表裹以石灰底灰和威尔士橡木板。墙壁里的羊毛和屋顶里的回收旧报纸提供了高水平的隔热材料。

这幢房子依赖于审慎的能源利用策略，借助了由易用控制系统提供支持的无源技术。它被设计得不会对二氧化碳排放作出净贡献。它高度隔热，有一台地源热泵和一个木球炉子起重要作用，还通过被动式太阳能来供热。主动式太阳能（水加热）和光电单元安装在山脊层上，对电力和热水需求做出了贡献。

室内起居空间的设计故意保持了流动性，以回应居住者的特殊需要。开放式的起居空间和白天活动空间被定位朝南，同时，更私密、更封闭的单元空间被定位朝北。设计的模块方法，使得基本模块可以根据空间的需要、对灵活性的要求及现有财务状况而产生很多变化。当居住者的环境随着时间和经济条件的不同而改变时，简单的壳结构可以不断扩大。

①　从花园朝南面看到的景观
②　截面图
③　北正面
④　从西南看到的景观
⑤　底层平面图

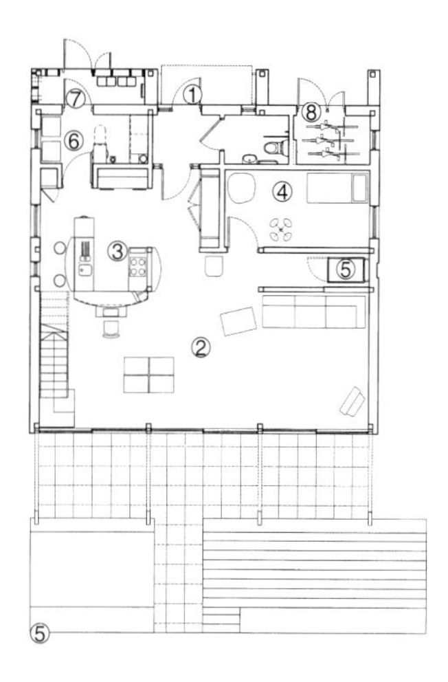

⑥ 起居区
⑦ 画廊
⑧ 南立面图
⑨ 开敞式厨房区域
⑩ 起居区

摄影：威尔士自然博物馆和画廊 (courtesy National Museums and Galleries of Wales) 提供

⑦

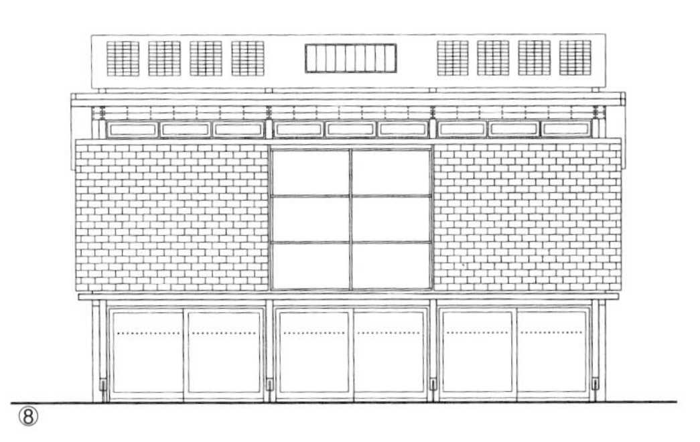

⑧

⑨

⑩

希尔德与K建筑事务所（Hild und K Architekten BDA）

阿格斯托的住宅

德国，巴伐利亚

客　　户：芭芭拉·格罗斯（Barbara Gross）和贝托尔德·施瓦茨（Bertold Schwartz）
房屋面积：3229平方英尺／300平方米
场地面积：21538平方英尺／2000平方米
材　　料：煤砖，轻型木砖，灰泥，橡木

这幢建筑坐落于上巴伐利亚地区弗赖辛镇附近的一个小村庄里。它坐北朝南，正对一个大花园。原先是一座年久失修的庄园，包括各种不同的扩建部分，如今决定把它发展成一座独立的家庭住宅，有将近300平方米（3229平方英尺）的起居空间。发照当局的基本要求是要保持最初的山脊高度，以及老地产的长度和宽度。

外墙正面反映了传统灰泥砖石结构的不规则和斑驳陆离的阴影。正面是用玉米黄粗灰泥浇筑的，这种颜色还在屋顶和底座上得以重复。内部的房间用白灰泥装饰，有橡木做成的窗户和地板。

①

②

③

① 从东边看到的景观
② 从北边看到的景观
③ 从西南看到的景观
④ 从南边看到的景观
⑤ 起居室
⑥ 底座局部
⑦ 卧室
⑧ 楼梯

摄影：迈克尔·海因里希（Michael Heinrich）

伊藤冈田建筑师事务所（Satoshi Okada Architects）

富士山中的住宅

日本，山梨县，富士山

客　　户：鸟居星（Sei Torii）和富山俊介（Shunsuke Tomiyama）

房屋面积：1410平方英尺／131平方米

场地面积：8557平方英尺／795平方米

材　　料：橡木地板，花岗岩，日本雪松，灰泥板，沥青纸毡屋面，铝窗框

这幢房子耸立在富士山北麓一片古老的熔岩层上。看上去像森林里的一道阴影，是白桦树、山毛榉和木兰树丛中的一个动乱因素。这幢建筑安放在场地上的一片浅洼地中，两侧被道路所限定。

这幢建筑是木框架结构，外墙包裹着日本雪松板，涂上了黑色。更大的部分是一间双层高的起居室，有一个天窗，一直延伸到露台。楼梯通向一个沿建筑物正面延伸的画廊，其下面的部分是厨房／起居区。在三角形大厅的私人部分，有两间卧室，一间卧室叠放在另一间卧室之上。在后部，建筑物顺着台阶向下通到私人浴室和淋浴室，以及底层卧室的有顶阳台。

起居室的后墙转向房子相对的墙壁，使得空间突然被压缩为一条狭窄的走廊，通向入口和双层高的大厅。毗邻的餐厅／厨房区被压缩至2米高，提供了一种舒适感。这样的设计创造了更大空间的错觉、运动的印象，以及建筑空间场景的变化。

① 像一道阴影的建筑物
② 从街道看到的沿地形延伸的屋顶线
③ 场地平面图
④ 从入口门廊通向起居室的斜壁
⑤ 夏日的正面

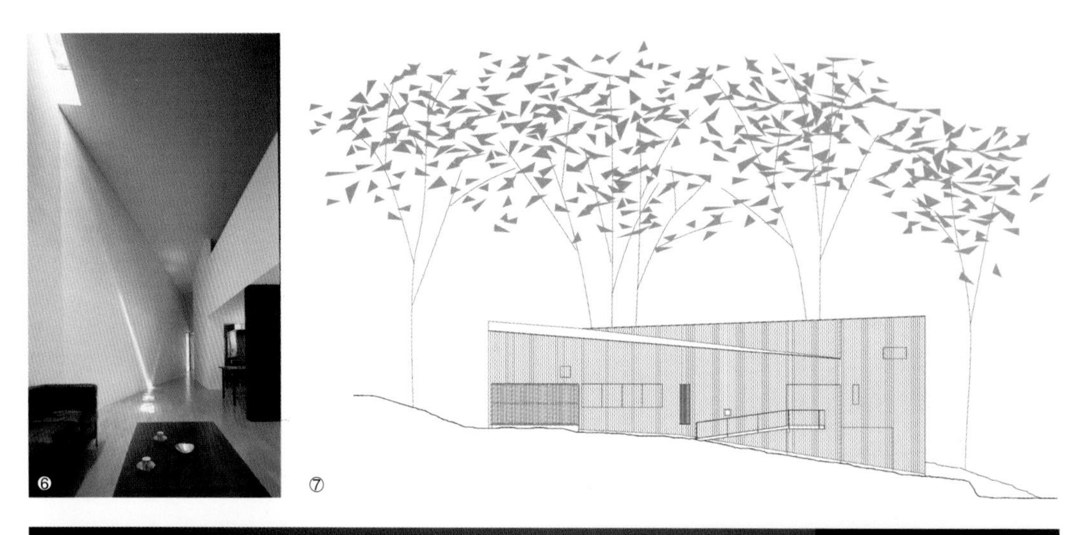

⑦

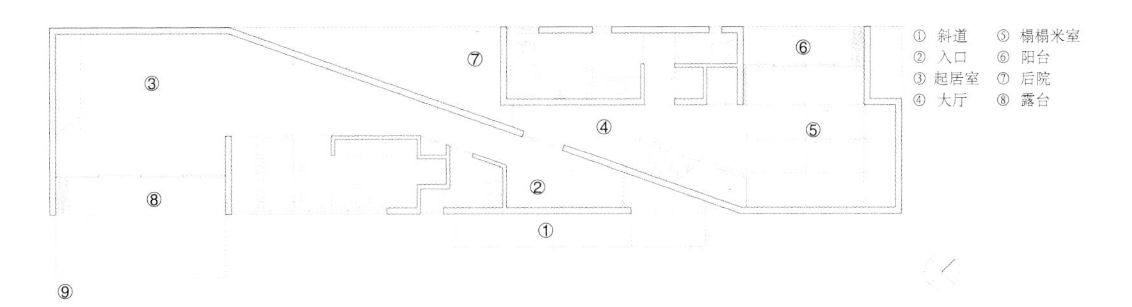

⑥ 朝向入口的起居室
⑦ 东南立面图
⑧ 朝向露台的起居室
⑨ 第一层平面图
⑩ 朝向起居室的厨房

摄影：木田胜久（Katsuhisa Kida，8、10），
平井弘之（Hiroyuki Hirai，1、2、5、6），
伊藤冈田（Satoshi Okada，4）

马克 · 西蒙（Mark Simon，美国建筑师协会会员）和詹姆斯 · C．柴尔德里斯（James C．Childress，美国建筑师协会会员），森特布鲁克建筑师与规划师事务所

康涅狄格山中的住宅

美国，康涅狄格

房屋面积：1350 平方英尺 / 125 平方米

场地面积：15 英亩 / 6 公顷

材　　料：垂直雪松壁板，包铅桐立接缝屋顶，松木宽板地板

这幢小房子充当了主房和入口大门，通向一片私有地产。那里有蓊郁葱茏的大树，延绵起伏的草坪，以及精心种植了花木的岩石地表。向下走近，它起初看上去似乎是对称的。更贴近地审视之下，它的5个部分——餐厅 / 起居室一翼，卧室 / 书房一翼，中央门廊，以及两个烟囱——显示出它们彼此之间温和的独立。

两个楼阁以略微不同的角度朝向中心部分，两个烟囱的尺寸和角度也有不同。起居室 / 餐厅楼阁是一个大空间，有一个大教堂式的天花板，壁炉在一端，厨房在另一端。三扇法式大门向下通向各侧，冬天用作采光，夏天用作通风。在厨房的上面，尽头是一扇很大的威尼斯式窗，它的侧面板落地。头顶上的系梁增加了一倍，为的是把照明灯隐藏在隔仓上的丝帘后面。这些以及法式大门提供了柔和的环境光源，对于一个眼睛对强光十分敏感的客户来说，这一点很重要。

类似的照明处理被用在主卧室上方的另一个楼阁中，在那里，从隔仓到隔仓之间也悬挂着帷帘。紧挨着卧室的是两间浴室和一间小书房，书从地板一直堆到天花板，有一个它自己的壁炉，以及额外的间接照明。

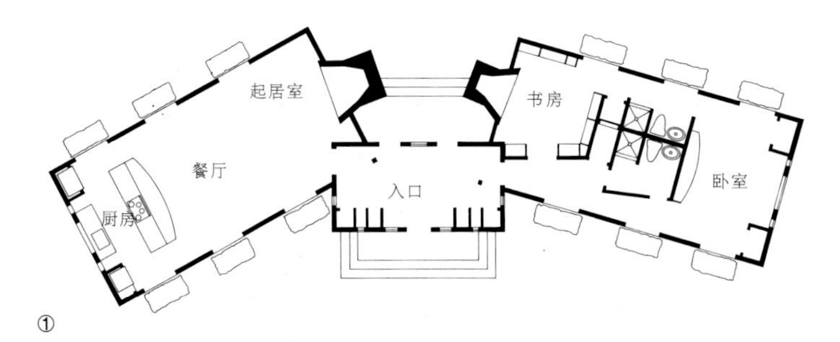

①

① 底层平面图

② 外部细节受到了希腊复兴式建筑的启发

③ 房子依偎在山坡中

④ 入口大厅进入房子的私人领域和公共领域

⑤ 厨房的活动被隐藏在升高的橱柜后面

②

③

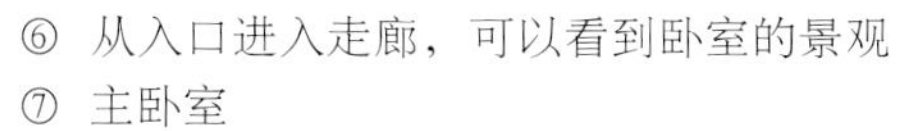
⑥ 从入口进入走廊，可以看到卧室的景观

⑦ 主卧室

⑧ 起居室的形式和家具反映了简单的细节

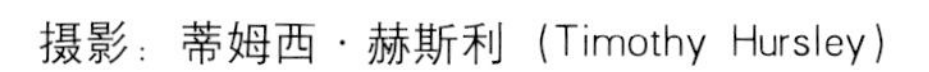
摄影：蒂姆西 · 赫斯利（Timothy Hursley）

杰斐逊·B. 赖利（Jefferson B. Riley，美国建筑师协会会员）和查尔斯·G. 米勒（Charles G. Mueller，美国建筑师联合会会员），森特布鲁克建筑师与规划师事务所

哈得逊河谷中的住宅

美国，纽约

房屋面积：5500 平方英尺 / 511 平方米（新增建筑），2760 平方英尺 / 256 平方米（现有建筑）
场地面积：100 英亩 / 40.4 公顷
材　　料：红雪松墙板和榫槽垂直板，红雪松木瓦屋顶，槭木楼梯和地板，大房间中的自然垂直纹理冷杉

这幢大建筑是一个周末度假胜地的新增部分，它是从一幢 19 世纪农舍向外扩张而来的。如今，从乡间小路上望去，它就像一串连在一起的谷仓。从路上走过，这些“谷仓”掩盖了这幢住宅的庞大规模和复杂性。它包括一个健身房和运动室，温泉浴室，大房间，宿舍，办公室，避暑屋，花园，露台，以及一个服务于现有游泳池的游泳馆。这个建筑群的设计，使得业主能够脱离日常工作的世界，进入一个在身体和情绪上都极其舒适的世界。

一个非正式的入口大门通向一个私密的香草花园，整个建筑群的景观在那里展开。石墙创造了户外露台，以及能够坐在那里眺望游泳池及远处小湖风景的地方。在室内，大房间中使用的冷杉镶板和风格化的“树木”，让人想起业主对阿第伦达克乡间小屋和环绕他们这片地产的森林的热爱。宿舍栖息在大房间的上段，就像一座树上小屋。

三挂拉窗在气候宜人的日子把避暑屋变成了一个纱窗阳台。健身房包含半个院子，用来打篮球。还有一间装有窗户的运动室，俯瞰着菜园，而温泉浴室的浴缸可以窥见微型的禅意岩石花园。办公室有自己的户外入口，俯瞰这处房产的全景。老宅的厨房被翻修了，有夏克尔风格的橱柜，以及花岗岩工作台，造型和色彩都是早餐水果的形象。

①

②

③

④

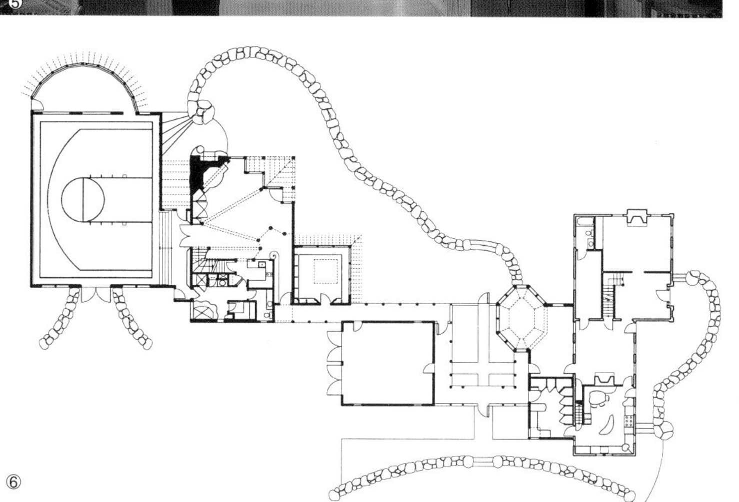

① 通向附属建筑的有棚顶的拱廊，提供了一个通过药用植物园的私密入口，同时也提供了保护，免遭吃草的鹿的侵扰

②③ 车库、大房间和健身房的附属建筑，如果你从大路上放眼望去，它还作为关联仓库出现，把池塘和山峦的全景尽收眼底

④ 掩映在树丛中的大房间与户外的景色融为一体，夏天，有格栅的屋顶使阴影笼罩在高高的角窗之上

⑤ 第二层的简易工棚像树上小屋一样悬浮着

⑥ 第一层平面图

⑦ 大房间让人想起山间小屋和神秘的森林，提供了一个逃避城市生活的令人愉快的退隐之地

⑧ 现有农舍中的厨房被改造得符合夏克尔风格的橱柜和花岗岩工作台，这个工作台呈现出本地水果的形状

⑨ 蒸汽浴室和浴缸延续了这个门道的自然形状

摄影：布赖恩·范登·布林克（Brian Vanden Brink）

亚历山大·戈林建筑师事务所（Alexander Gorlin Architect）

落基山中的住宅

美国，科罗拉多，杰纳西

①

这幢房子是沿着两条轴线组织的，形成了一个针轮图案，插入两个峡谷之间的场地中。石墙构成了一片废墟的形象，那是在曾经有人居住的荒野中“发现”的，由于这幢房子的设计而再次有人居住。这些垂直的表面反映了场地的性质，同时在房子的外部空间和内部空间之间起到了调和作用。

从通到外院的车道，来访者通过峡谷上方的栈桥进入房子，栈桥穿透一道厚重的石墙。沿着这道墙，一个被压缩的平台走廊让人可以进入房子主要的公共空间。石墙的末端嵌入山坡中，一座塔楼从那里伸出。在塔楼的顶上，一间外室提供了视野，可以看到房子的梯级屋顶平台。

① 从厨房外的露台朝餐厅和起居室方向看到的景观
② 从上层阳台朝埃文斯山（高 14000 英尺）方向看到的景观
③ 入口景观，右侧是客房
④ 主房景观，下面是起居室，右侧是主卧室和办公室
⑤ 从起居室仰望装有天窗的主门廊

⑥

⑧

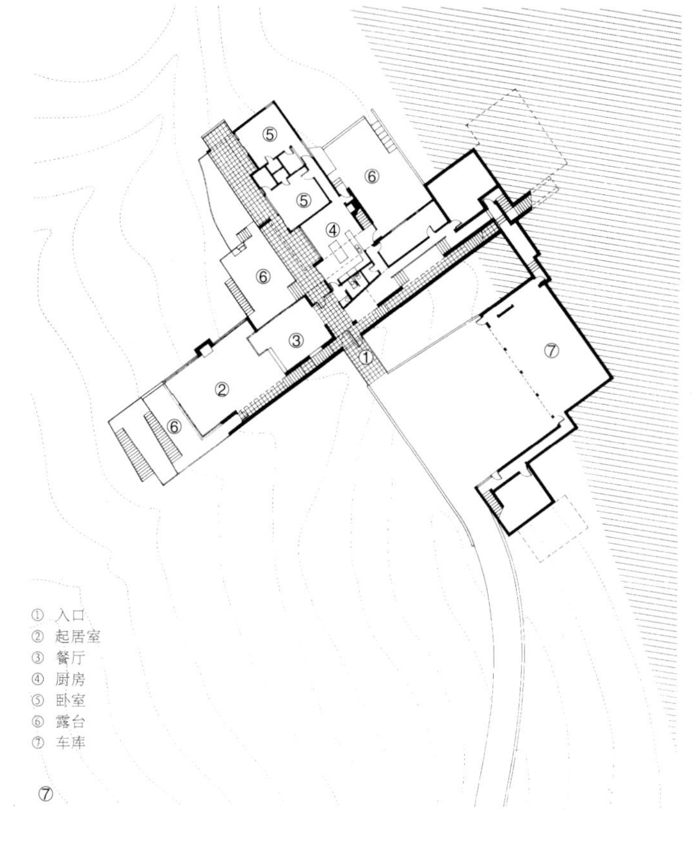

① 入口
② 起居室
③ 餐厅
④ 厨房
⑤ 卧室
⑥ 露台
⑦ 车库

⑦

⑨

⑩

⑥ 餐厅朝向厨房和卧室一翼

⑦ 底层平面图

⑧ 带有雕塑壁龛的入口走廊弯曲的墙壁

⑨ 入口大厅

⑩ 主浴室的玻璃梳妆台

⑪ 从餐厅看到的起居室景观

⑫ 朝向森林看到的起居室景观

摄影：亚历山大·戈林建筑师事务所（courtesy Alexander Gorlin Architect）提供

耶基·塔沙（Jyrki Tasa）

房子之中

芬兰，埃斯波

❶

房屋面积：2013 平方英尺／187 平方米
场地面积：24111 平方英尺／2240 平方米
材　　料：钢，木料，胶合板，玻璃砖，皂石，混凝土，樱桃木

这幢房子轻盈地耸立在岩石上，被弯曲的墙壁所保护，朝着夕阳延伸。整个建筑被组织成了一个轮廓清晰的扇形，它的外表无论在形式上还是在材料上都是当代的，传达了理性和多样性。

一条大路把来访者领向了白色的防护墙。西面呈波浪形起伏的屋檐和高高的倾斜钢柱只有部分可以看到，暗示了房子的双重特征。来访者穿过游泳池上方的一座钢桥，来到白墙中切割出来的一个高高的玻璃切口——主入口。穿过栈桥，邻近的建筑物被留在了后面，留下的是自然环境，无论屋内还是屋外，是在阳台还是在露台，都豁然开朗。

进入之后，视野顿开，透过高高的玻璃墙，可以看到大露台和大海的景观。顶棚很高的入口大厅是这幢房子的中心，在功能上和视觉上整合了不同的空间。卧室和桑拿浴室在底层入口的左侧，游泳池在右侧。在第一层，厨房在左侧，紧挨着是用餐区和早晨喝咖啡的阳台，而在右侧，有起居室及其欣赏午后阳光的阳台。入口区与地下室有视觉上的联系，那里有业余活动室和多功能空间，有一道门通向露台下面的停车区。

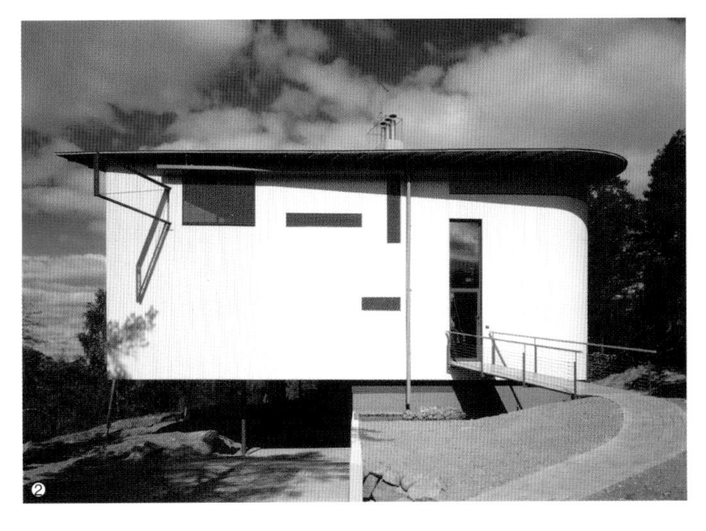

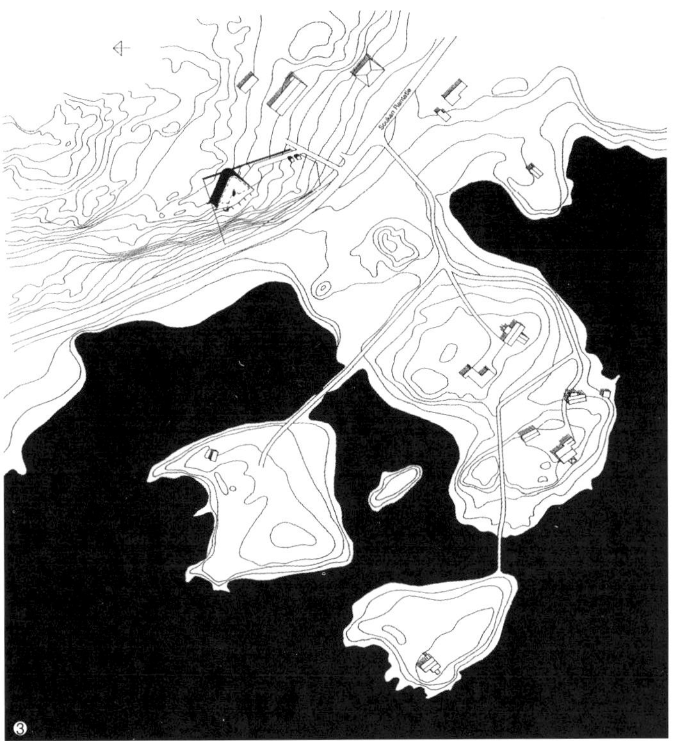

① 岩层上的房子全景
② 入口正面，有白色的弯曲墙壁
③ 场地平面图
④ 有屋顶露台的建筑保护
⑤ 房子暴露了开放式的动态立面，西朝大海
⑥ 倾斜的钢柱被斜拉索固定，并直接扎根于岩石中，它们强调了设计方案中张力和悬吊的建筑语言

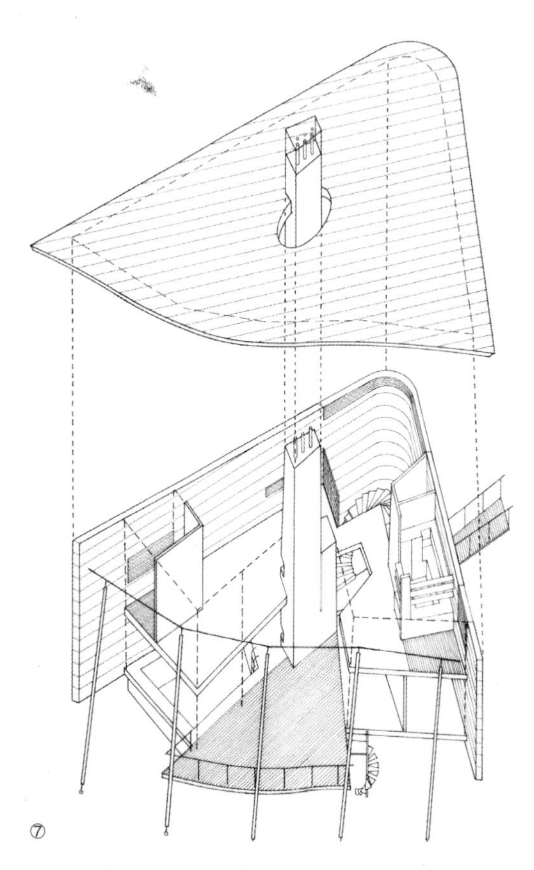

⑦ 立体投影图
⑧ 阳台和穿透顶窗的白色烟囱
⑨ 游泳池和从窗户中看到的壮丽风景
⑩ 盘旋而上的楼梯被缆绳所支撑
⑪ 底层平面图
⑫ 第一层平面图
⑬ 第二层平面图
⑭ 玻璃墙使得起居室能够看到海景

摄影：耶基·塔沙提供
(courtesy Jyrki Tasa)

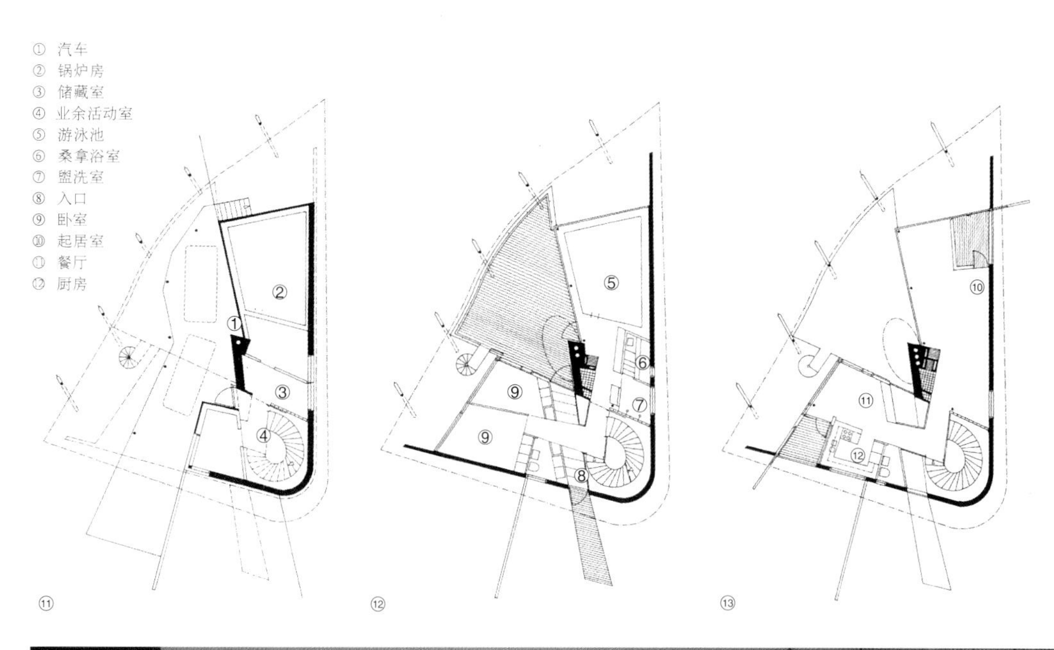
① 汽车
② 锅炉房
③ 储藏室
④ 业余活动室
⑤ 游泳池
⑥ 桑拿浴室
⑦ 盥洗室
⑧ 入口
⑨ 卧室
⑩ 起居室
⑪ 餐厅
⑫ 厨房
⑪
⑫
⑬

⑭

建筑工作室（Architecture Studio）

罗伯特·布拉奇街的住宅

法国，巴黎

房屋面积：1410 平方英尺 / 131 平方米

在巴黎，罗伯特·布拉奇街是东站与圣马丁运河之间的一个街区。计划要在现有底层的基础上建一幢四层楼的城市住宅，就这样填满两幢现有建筑之间的空间。

设计的目标是要把分区规章所允许的限制推到极限，恢复与街道成直角的背景，并把阳光带到房子最里的角落。两个白色混凝土体被附着到现有的建筑上，并采用了19 世纪巴黎典型的圆屋顶。

在房子的中心，有一个钢楼梯，被包含在一个开放式的金属笼子里，这个笼子看上去像一个鸟舍。它把整个房屋分成了不同的房间，有些俯瞰着街道，另一些俯瞰着庭院，与另外一些房间偏离半层。

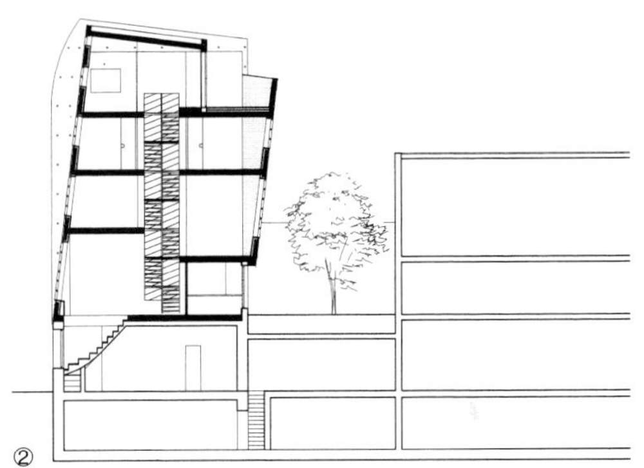

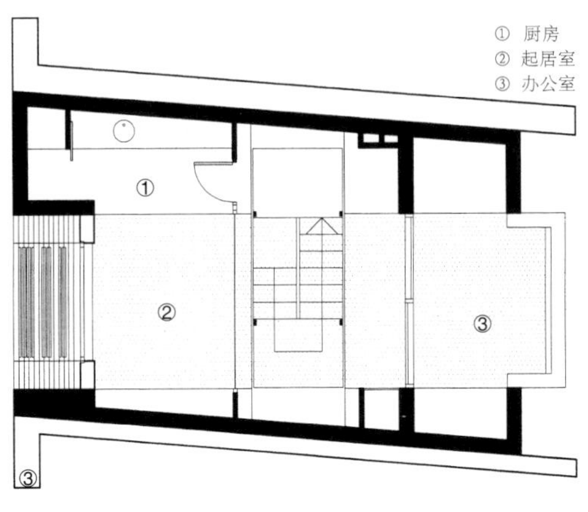

① 外部景观
② 立面图
③ 底层平面图
④⑤ 起居区
⑥ 钢质楼梯

摄影：加斯顿（Gaston）

④

⑤

⑥

彼得·博斯利建筑师事务所（Pete Bossley Architects）

海岛度假别墅

新西兰，岛屿湾

材　　料：斐济贝壳杉胶合板，雪松墙，橡木地板和橱柜

这幢房子被细心地定址在一个田园诗般的小岛上，安置在蓊郁的树丛当中。这幢木房子展示了一种轻盈和透明，就像摄人心魄的风景一样令人难忘。

外墙是全高框架细木工构件，内墙是齐门高的雪松板，上面至屋顶是玻璃。结果，用木料做内衬的屋顶看上去仿佛漂浮在房子的上方。水对岸的景观成了延续全景与不断改变的背景的景观。太阳、自然通风和户外空间，通过屋顶小心翼翼地加以控制，屋顶逐步拓宽，提供了更具保护性的华盖，覆盖于起居区露台之上。

当一个人拾级而下走向起居区的时候，房子看上去就像在打开，变得更加透明。尽管房子的各层只有一间房的纵深，但一连串的平台确保了房子的每一个房间在一天的任何时间都可以欣赏到外景。

这幢房子尽管看上去似乎是简朴的缩影，但设计得非常仔细。厨房、餐厅和起居区不仅展示了楼层的变化，而且还展示了比例上的微妙变化。起居区宽敞地朝向北边，却有令人惊奇的光亮打开。这幢房子代表了海滨生活某些最宝贵的方面，是一个与环境紧密相连的令人惊奇的庇护所。

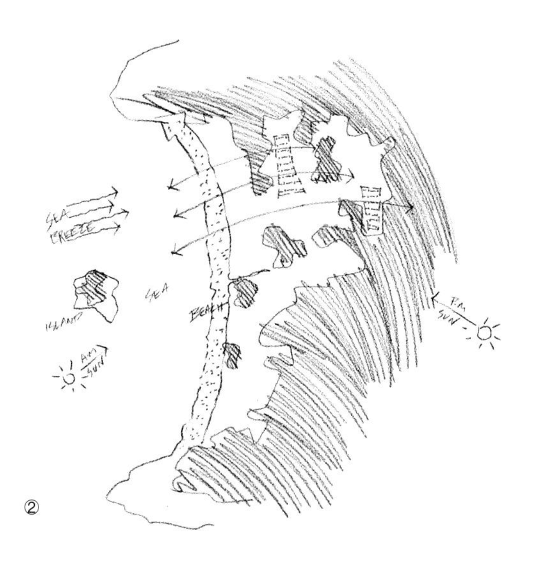

②

③

④

① 阳台
② 场地平面图
③ 外部
④ 依偎在灌木丛中的远景
⑤ 一种透明感的景观

⑤

⑥

⑦

⑧

⑨

⑥ 大量的木料使用效果
⑦ 内部一景
⑧ 使线条模糊化
⑨ 追求轮廓的层次
⑩ 起居区／用餐区

摄影：帕特里克·雷诺兹（Patrick Reynolds）

金永燮＋建筑文化建筑师事务所（Kim Young-Sub + Kunchook-Moonhwa Architcets）

J住宅

韩国，釜山，西大新洞

客　　户：郑延泰（Jung Yeon-Tae）

房屋面积：5037平方英尺／468平方米

场地面积：10807平方英尺／1004平方米

材　　料：水泥砂浆上的涂料，砖上的涂料

这幢房子的主要设计元素是框架、墙壁和盒子，这些展示了建筑的布局。然而，连接或通过每个元素的栈桥和楼梯，重叠的墙壁，附属的柱子，以及横梁，当它们依照各自的次要功能被赋予一定程度的自由时，便展示了一幅反结构主义的图像。不过，当我们把它们作为一个整体来考量的时候，这些元素便起到了提炼和强化结构主义建筑特征的作用，同时也很好地履行了既定的物理功能，而没有任何夸张。

这幢建筑是沿着紧挨大路的场地边界线建在一个L形上，因为考虑到房子的朝向，也是为了把内部空间和花园与大路分隔开来。房子的东侧是一个封闭的正面，服务于双重目的：既阻挡室内的视野，也激起过路人的好奇。起居区每个房间的布局着眼于各个房间的方向和视野，而画廊则位于南屋和西屋之间。尽管那条长长的走廊没有什么新颖之处，但在这一规模的复合建筑中，它被认为是一次有意的尝试。连接廊之下的画廊入口和出口比花园层低很多，这样一来从大路上进入就很容易了。

❶

❷

❸

① 前景
② 从街上看到的景观
③ 房子的鸟瞰图
④ 第二层平面图
⑤ 入口
⑥ 起居室全景
⑦ 进入门廊的通道
⑧ 从上往下看到的楼梯

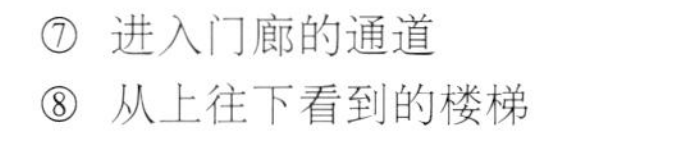

摄影：金在京（Kim Jae-Kyung）

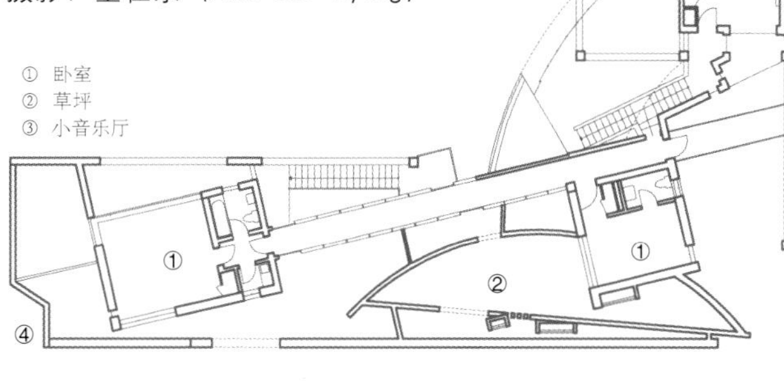

达里尔·杰克逊建筑师事务所（Daryl Jackson Architcets）

杰克逊住宅

澳大利亚，新南威尔士

客　　户：达里尔（Daryl）和凯·杰克逊（Kay Jackson）
房屋面积：3983 平方英尺 / 370 平方米
材　　料：木料，瓦楞铁，混凝土砌砖的水泥底灰，木框架窗

这幢房子是一组房间通过一道高墙整合在一起的，这道墙围绕山顶而建，为的是创造内部空间——一个以大阳台为边缘的开放式庭院。这些房间仅通过外部连在一起，提供了蜂窝状的分隔。立面是一个结构一致的截面，棚屋反映了这块地的轮廓。

①

②

③

① 切割之后的边缘，显露出很深的侧壁
② 海滩和灌木丛
③ 庭院楼梯和水箱
④ 阳光下的起居区
⑤ 热与光——与自然元素融为一体的起居室
⑥ 叠加图，作为几何示图的房子
⑦ 长长的房间和墙壁

摄影：莱纳 · 布伦克(Reiner Blunck)

④

⑤

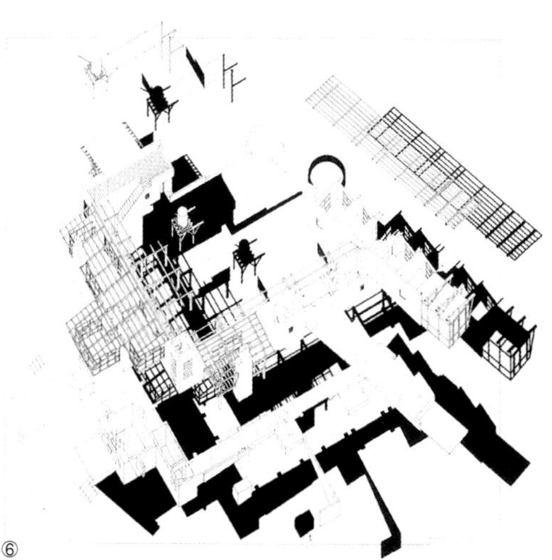
⑥

⑦

埃舍尔・古纽沃德纳建筑师事务所
(Escher GuneWardena Architecture, Inc)

杰米住宅

美国，帕萨迪纳

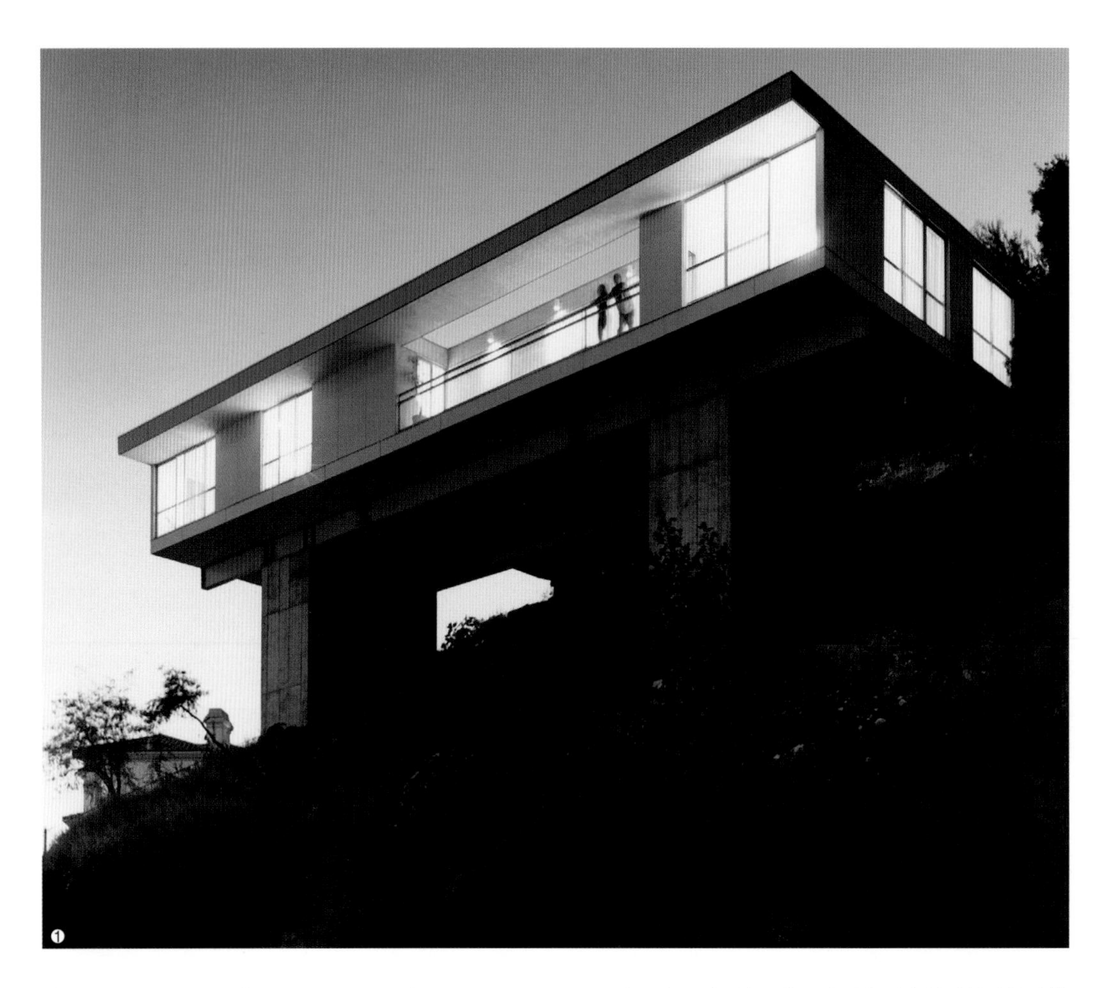

房屋面积：2000平方英尺/185.8平方米

这个项目是作为一对年轻夫妇（有一个孩子）的家庭住宅而设计的，位于帕萨迪纳市（邻近洛杉矶）一条峡谷的北端，在一个陡峭的山坡上。它俯瞰着一个高尔夫球场、玫瑰碗体育场和远处的城市，还可以看到东边的圣盖博山和西边的圣拉斐尔山。

客户要求建一座2000平方英尺的房子，有三间卧室，一间书房，一间家庭活动/游戏室，以及一个户外平台，加上更正式的起居区和用餐区。最重要的是，他们希望保持开阔的视野，尽可能多地看到壮丽的远景。

有一个设计观念，从一个近在手边的最简洁的建筑方案发展而来，这就是要建两个巨大的混凝土墩，承载两根跨度为84英尺的钢梁，同时还要承载木框架房子。这两个混凝土墩是唯一与地面接触的建筑元素，这导致对现有斜坡影响最小，并使得自然景观可以在房子下面延续。进入房子的通道是一道栈桥，连接到上坡一侧的大路。

外围所有房间的视野都得以保留，车库被放置在中间。房子被分成了两个区域：一个区域用作正式的娱乐室、父母的卧室套房和书房，另一个区域由厨房/早餐区、家庭活动室/游乐室和孩子们的房间组成。房子还进一步被分成更多的封闭空间用作卧室（面朝山坡），以及非常开放的空间用作公共活动（面朝景观）。这些开放空间包括起居室、餐厅、户外平台、厨房和家庭活动室，全都互相连接，为的是创造一个连续的、84英尺长的空间，有180度的视野，可以看到山下的城市风光和远处的风景。

房子的外部立面由落地窗组成，与包裹在水泥面板中的实体面交替开合。

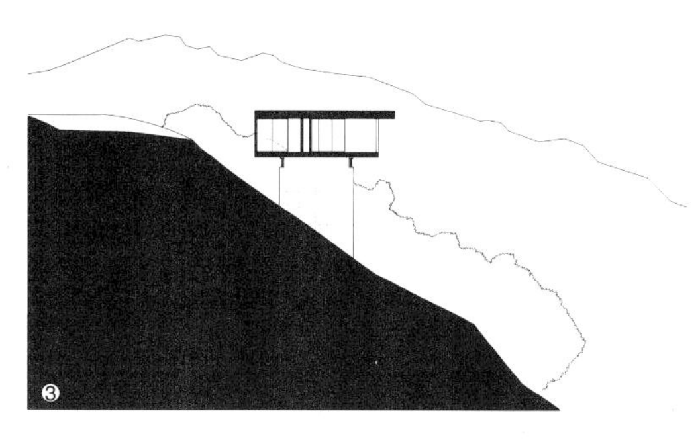

① 陡峭的山坡上，2000平方英尺的住宅升起在两个混凝土墩上，这里从下面的街道上看到的景观
② 阳台，从起居区、用餐区和厨房区可以抵达，有动人心魄的全景
③ 截面图
④ 夜幕中，房子像城市上方一个浮动的灯笼
⑤ 落在两个混凝土墩上的房子通过栈桥与道路相连
⑥ 车道桥通向车库，位于整个房子的中心

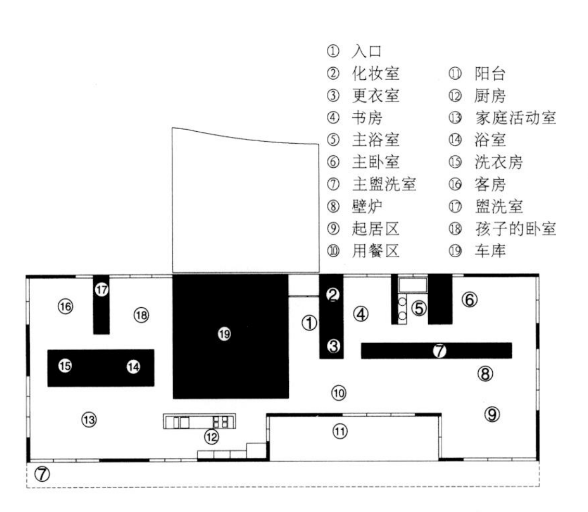

⑦ 底层平面图（储藏室和多功能空间位于封闭体内）
⑧ 起居室在房子的东端，可以看到圣盖博山
⑨ 用餐区在房子的公共区和私人区的交叉处
⑩ 家庭活动室在房子的西端，可以看到圣拉斐尔山
⑪ 通过整个房子看到的景观，右边的实体内包含储藏空间和车库

约翰·戴什建筑师事务所
(John Daish Architects) +墙组织 (T.W.O.)

凯贝尔住宅

新西兰，卡皮蒂海岸，蒂霍罗

设计指导：萨姆·凯贝尔 (Sam Kebbell)
项目团队：约翰·戴什 (John Daish)，拉菲·麦克莱恩 (Rafe Maclean)，丹尼尔·瓦特 (Daniel Watt)
客　　户：阿德里安娜 (Adrienne) 和亚瑟·凯贝尔 (Arthur Kebbell)
房屋面积：1453 平方英尺 / 135 平方米
场地面积：5.7 英亩 / 2.3 公顷

场地坐落在几个果园、本地树木和一些牧羊场中间，在威灵顿市的北边，距离市中心1小时的车程。我们的客户要求建一座有一间小卧室的房子，它应该紧凑、明亮，适合于一种轻松自在的生活方式。本设计在几个方面考虑了温暖的气候和完全原生态的风景——底层通向北和西北，楼上的卧室可以看到平原的景观，浴室俯瞰一片原有的本地树木。厨房在一个方向上经由健身游泳池一直进入到风景中，在另一个方向上与一排排杏树连成一线。在细节上精心设计的室内空间通向由木板条栅栏、树木和长长的草坪所构成的风景。

①

②

① 东北立面图	④ 前入口
② 西北立面图	⑤ 浴室
③ 健身游泳池	⑥ 夹层和书房上方的空隙

摄影：保罗·麦克雷迪（Paul McCredie，3～5），
丹尼尔·瓦特（Daniel Watt，1、2、6）

洛坎·奥赫利希建筑师事务所（Lorcan O' Herlihy Architects）

克莱因住宅

美国，加利福尼亚，马利布

房屋面积：5800平方英尺／539平方米

场地面积：9150平方英尺／850平方米

材　　料：混凝土基础上的钢矩框架和木平台框架，水泥饰灰泥，凹槽玻璃，铝，彩绘钢，彩绘铝板撇渣灰泥，桦木胶合板，道格拉斯冷杉门

这幢房子坐落于一块陡峭的坡地上，面朝太平洋。客户要求有屋顶平台和朝向太平洋的最大化视野。据此，房子被构思为既是一个庇护所，也是一个望楼。场地的纵深剖面，及其与壮丽景观之间的关系，让人想到空间沿场地陡坡的立体交错排列。考虑到这个陡坡，以及它与视野之间的关系，结构、空间和光线被用作建筑方案的根本要素。

房子的轮廓对斜坡作出了回应，与比例和光线一起发挥作用，起居空间被分为一系列由结构型钢框架支撑的实体。从截面图看，房子一层层的托架，从最低的车库，到接待区，再到上面的主套间，一个独立式的椭圆形楼阁坐落于场地的高端，打算作为独立的单元，供客人使用。钢框架把临海一侧的末端抬高到半空中，被清晰而透明的凹槽玻璃所包围。此外，它使得建筑物的构成部分能够拆散：房子的内在生命经由透明的墙壁向外延伸，从而被激活了。

① 从街上看到的房子景观
② 工作室
③ 入口外景
④ 主卧室

⑤ 从主卧室朝太平洋看到的景观
⑥ 餐厅，旁边是厨房
⑦ 入口
⑧ 主浴室
⑨ 第二层平面图
⑩ 第一层平面图

摄影：汤姆·邦纳（Tom Bonner）

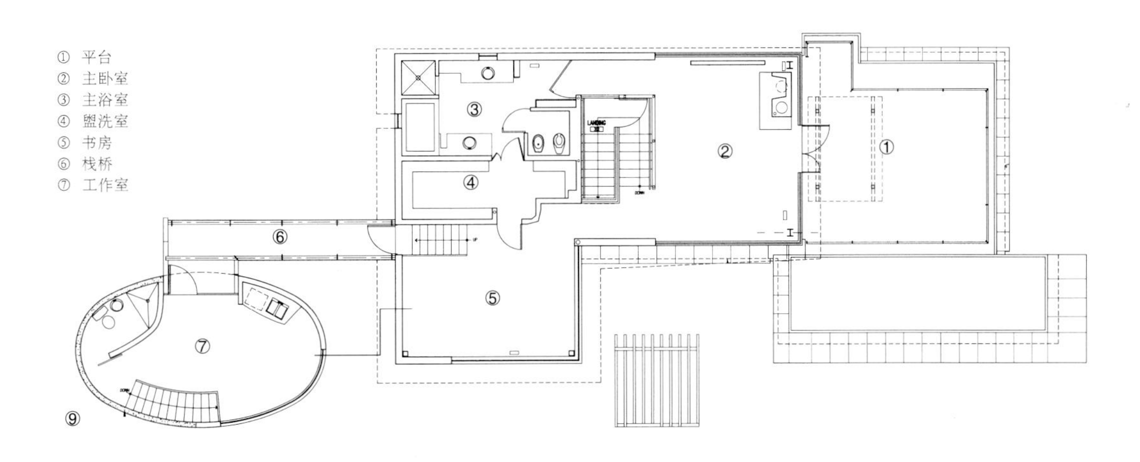
① 平台
② 主卧室
③ 主浴室
④ 盥洗室
⑤ 书房
⑥ 栈桥
⑦ 工作室
⑨

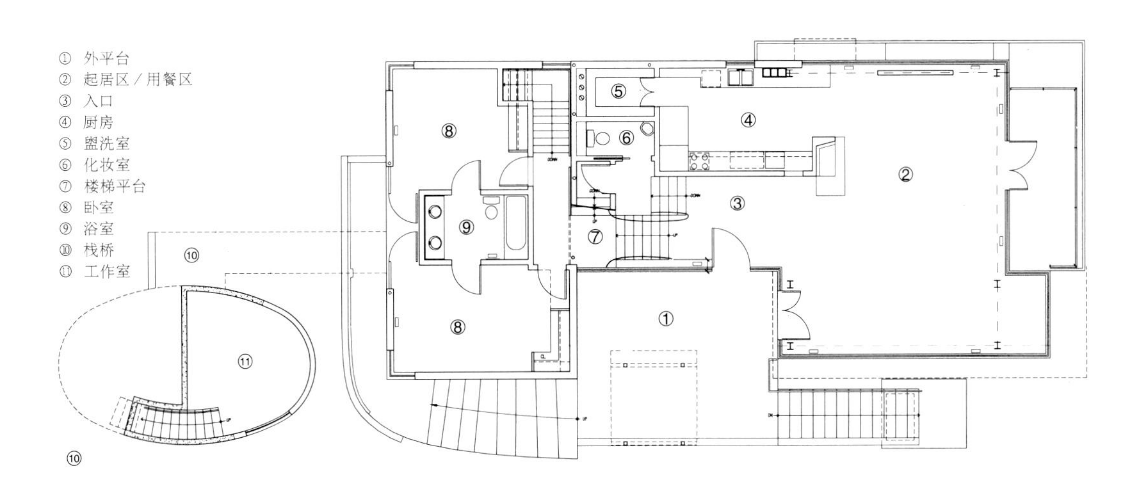
① 外平台
② 起居区／用餐区
③ 入口
④ 厨房
⑤ 盥洗室
⑥ 化妆室
⑦ 楼梯平台
⑧ 卧室
⑨ 浴室
⑩ 栈桥
⑪ 工作室
⑩

埃萨·皮罗宁建筑师事务所（Architect Esa Piironen）

科伊维科住宅

芬兰，赫尔辛基

房屋面积：1571平方英尺 / 146平方米
场地面积：13455平方英尺 / 1250平方米
材　　料：混凝土块，木料，钢

从1960年代初开始，城市规划使得一个混乱的、无规划的建筑阶段成为可能。科伊维科住宅是尊重重建的一个标志。一幢新增的建筑，如何才能被设计得适合周围的环境，同时考虑到影响建筑的其他因素，比如传统、气候、环境、视野和心理形象？对于这个问题，这幢房子是最近的一个回答。

房子的内部是战后重建方案的一种复活：一个中央烟囱被房间所环绕。两层高的起居室作为视觉中心空间，给这一古老的方案增添了生命。房子临街的一面是封闭的，通过一间暖房通到西面的花园。

本设计建立在一个四口之家额外的空间需求的基础之上，依据这样一个前提来设计：今后可以把它作为一个单独的、自足的单元来使用。这幢房子也是对手工艺的一次致敬：地下室是通过混凝土块和有外部钢装饰的木结构地上层地板构建起来的。

①

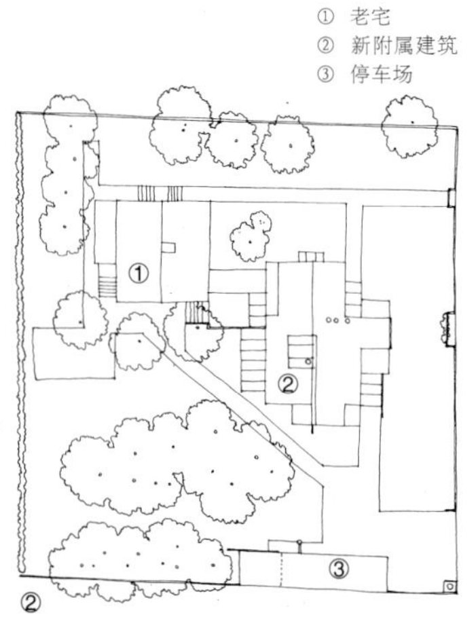

②

③

④

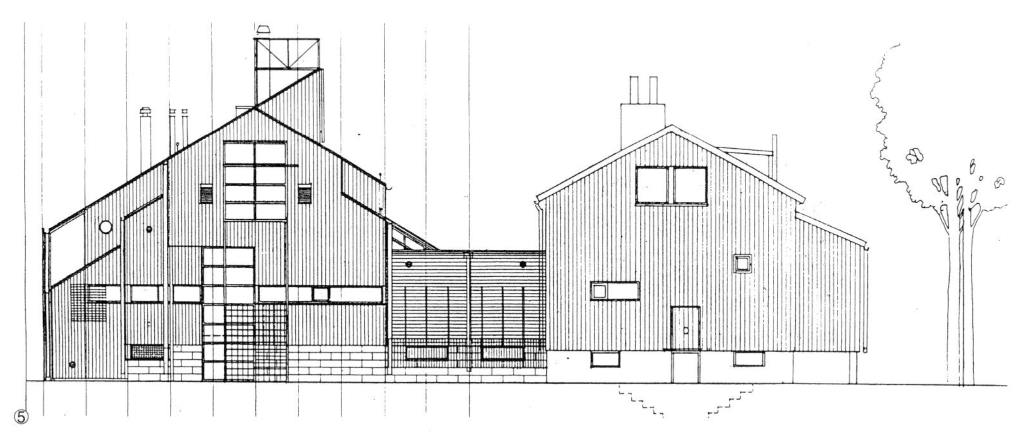

① 庭院
② 场地平面图
③ 西立面图
④ 温室
⑤ 北立面图
⑥ 起居室
⑦ 壁炉局部
⑧ 室内局部

摄影：埃萨·皮罗宁建筑师事务所(courtesy Arkkitehtitionmisto Esa Piironen Oy)提供

亚历山大·泽恩斯建筑事务所（Alexander Tzannes Associates）

克罗嫩贝格海滩住宅

澳大利亚，新南威尔士，基尔卡雷

材　　料：钢，木料

位于基尔卡雷的克罗嫩贝格海滩住宅是为了度假使用而设计的。场地是一个陡峭的沿海地块。室内设计为改变用途的需求提供了灵活的安排，包括活动墙壁和嵌墙式家具独一无二的床／书桌／躺椅的转换。外墙被包裹在锌中，有航海级防水胶合板拱腹附着在房子的底侧。室内以木料的使用为特征，包括黑基木地板抛光面，南洋杉胶合板墙和细木工制品，与暖白光油漆罩面形成鲜明对照。后平台用脂木构建，用天然的灰色染色剂涂饰表面。

① 显示入口平台的景观
② 截面图
③ 朝起居室和厨房内看到的景观
④ 楼层平面图
⑤ 显示入口平台和起居区的景观
⑥ 厨房，旁边是书房
⑦ 朝书房和餐厅内看到的景观
⑧ 朝卧室内看到的景观

摄影：巴特·梅约拉纳（Bart Maiorana）

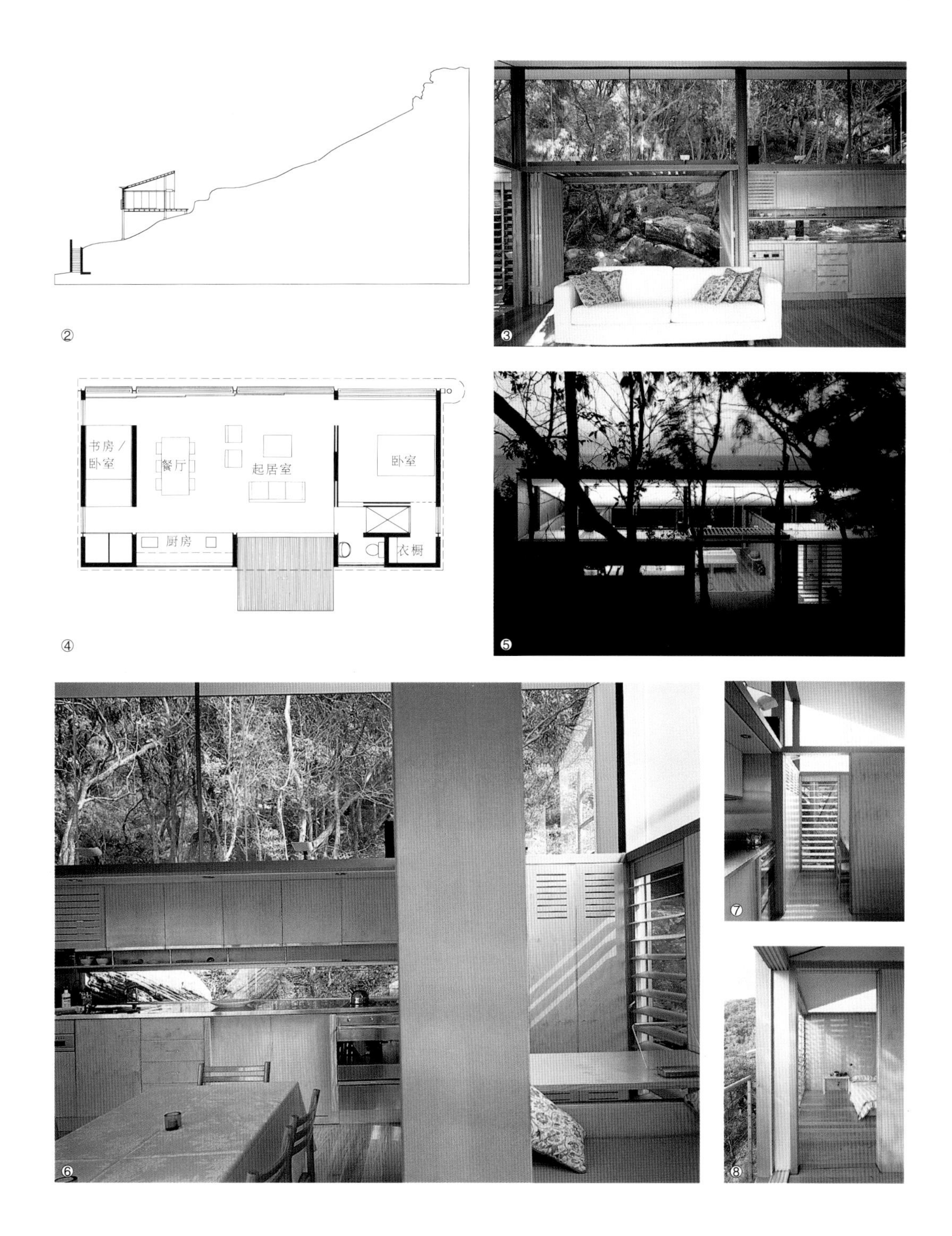
②
书房／卧室
餐厅
起居室
卧室
厨房
衣橱
④

埃里克·欧文·摩斯建筑师事务所（Eric Owen Moss Architects）

劳森－韦斯顿住宅

美国，加利福尼亚，西洛杉矶

客　　户：特蕾西·韦斯顿（Tracy Western）和琳达·劳森（Linda Lawson）

劳森－韦斯顿住宅是一幢探索性的建筑，是对客户的愿望和需要所作的一次永恒探究，并使用了常规意义上的非常规手段和非常规意义上的常规手段，来满足这些需求。对于这幢房子最终是什么样子，客户琳达·劳森和特蕾西·韦斯顿功不可没。

这个三层住宅是圆柱体和圆锥体的混合物，各自以一条单独的轴线为中心。厨房作为家庭生活和社交生活的中心，成了这幢建筑的焦点元素，显眼地坐落于第一层。简简单单地，厨房是一个双层高的圆柱体，有一个圆锥屋顶。圆锥体的顶部被切掉了，创造了一个海景平台。圆锥体还被垂直切开，结果是一条抛物线。这条抛物线建立了一个理想化的拱顶，除了入口上的一根横梁之外，房子从未完全延伸到这个拱顶的边缘。

平面图中所标示的厨房建立了一个点的模式，暗示了一种内在逻辑。但如果在截面图中来解释这一系统，平面图中的假设逻辑与截面图中的现实性之间的联系便减少了。截面图的结果并没背离平面图。

①②③ 外部　⑥⑦ 内部景观
④ 底层平面图
⑤ 场地平面图　摄影：汤姆·邦纳（Tom Bonner）

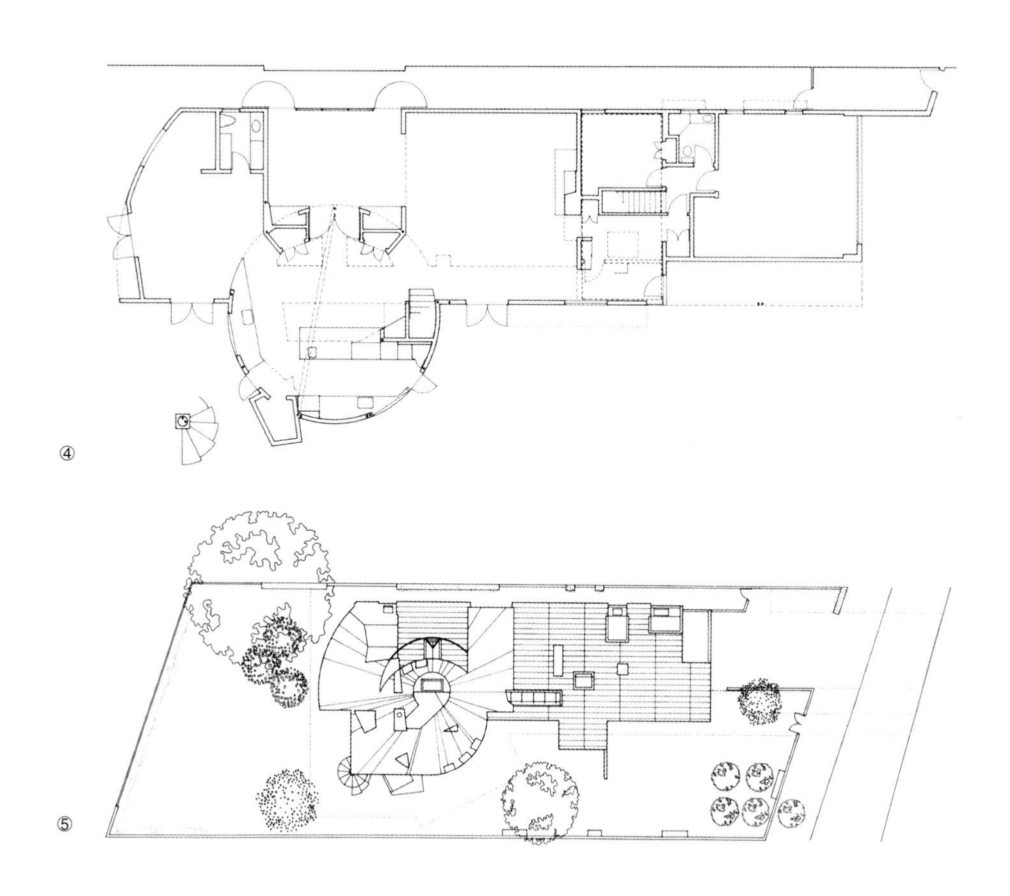

④

⑤

⑥

⑦

韦斯特沃克建筑师事务所（Westwork Architects）

刘顿住宅

美国，新墨西哥，阿尔布开克

客　　户：乔治（George）和朱迪·刘顿（Judy Lewton）
房屋面积：3423 平方英尺 / 318 平方米
材　　料：砖石结构，木框架上的粉饰灰泥上的合成抛光面，木框架上的石膏板，石材和地毯地板

这幢房子的锯齿形应和了附近山峦的地质特征。这幢住宅从它的场地拔地而起，围绕着一个朝东的庭院，为的是捕获群山的景观，并提供一个户内 / 户外的起居和娱乐空间。

钢柱组成的柱廊穿过庭院空间，通到主入口。位于房子中心的起居 / 用餐 / 厨房空间有高高的天花板和天窗，为的是捕捉山峰的侧影。一个像亭阁一样的拱顶结构位于东院区域，容纳了主卧室和浴室，并提供了轮廓鲜明的主屋形态的对应物。

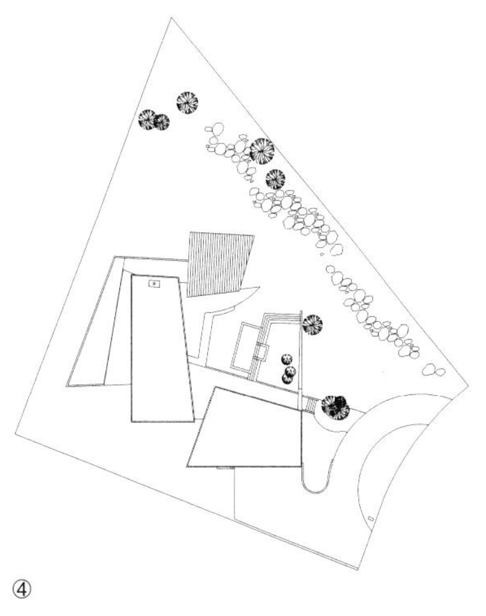

① 夜色中的庭院
② 从东边看到的外部全景
③ 北立面图
④ 场地平面图
⑤ 从院子朝群山的方向看到的景观
⑥ 暮色中的起居室窗户

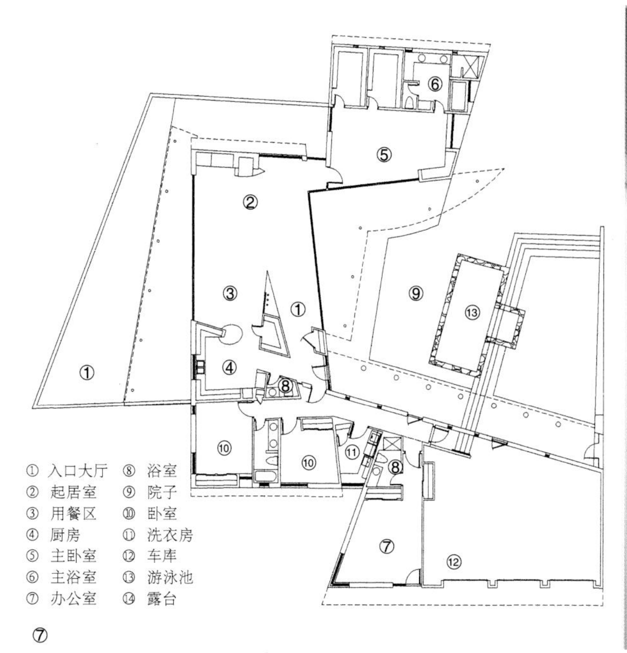
① 入口大厅
② 起居室
③ 用餐区
④ 厨房
⑤ 主卧室
⑥ 主浴室
⑦ 办公室
⑧ 浴室
⑨ 院子
⑩ 卧室
⑪ 洗衣房
⑫ 车库
⑬ 游泳池
⑭ 露台

⑦

⑧

⑨

⑦ 楼层平面图
⑧ 餐厅
⑨ 主起居区
⑩ 起居室壁炉局部
⑪ 厨房区

摄影：柯克·吉丁斯（Kirk Gittings）

戴维·劳伦斯·格雷建筑师事务所
(David Lawrence Gray Architects)

马利布海滩住宅

美国，加利福尼亚，马利布

材　　料：混凝土，钢，玻璃，柚木，石灰岩

这幢海滩边的住宅位于马利布区，俯瞰着浩瀚的太平洋。设计源自关于海滨生活的哲学，混合了这样一种愿望：永久面对原生态的自然元素。轻松随意的环境结合了耐久材料，为的是能够承受海风的侵蚀，同时围绕美丽的海景来决定方位。由于客户想要一幢低维护的房子，于是便选择了像混凝土和钢这样的材料。板型混凝土墙强调了质感丰富的室内，充满光明，受航海启发的柚木镶板使之充满温暖。周围的景观启发了一系列透明的玻璃元素，给人一种开阔感，同时，遮阳装置和视觉屏障也考虑了私密性。

从概念上讲，这幢房子被构思为两个截然不同的板块，通过层叠式楼梯和瀑布连接起来。这道瀑布源于街道，流过庭院和主屋，一直流到海滩边的沙丘。弗兰克·斯特拉（Frank Stella）、黛博拉·巴特菲尔德、罗伯特·格雷厄姆(Robert Graham)和乔治·里基(George Rickey)等人的艺术作品，以及玻璃、钢、柚木和石灰岩所构成的现代派调色板，帮助强化了这个项目轻松而耐久的特性。这个设计方案导致了骚动不宁的大海背景与宁静祥和的内院和游泳池之间的鲜明对照。

①

②

③

④

① 内院提供了一片绿洲，位于主房与客房之间
② 半透明的玻璃窗把海景与私人庭院联系在一起
③ 半透明的地板使得阳光能够穿透到楼下
④ 雕塑楼梯强化了业主的艺术兴趣
⑤ 混凝土和柚木壁炉以一种永久的方式把空间固定住了
⑥ 略微弯曲的操作台调节着从厨房到正式起居室的流动
⑦ 自然材料的调色板围绕着主卧室
⑧ 第一层平面图

摄影：蒂姆·斯特里特－波特(Tim Street-Porter)

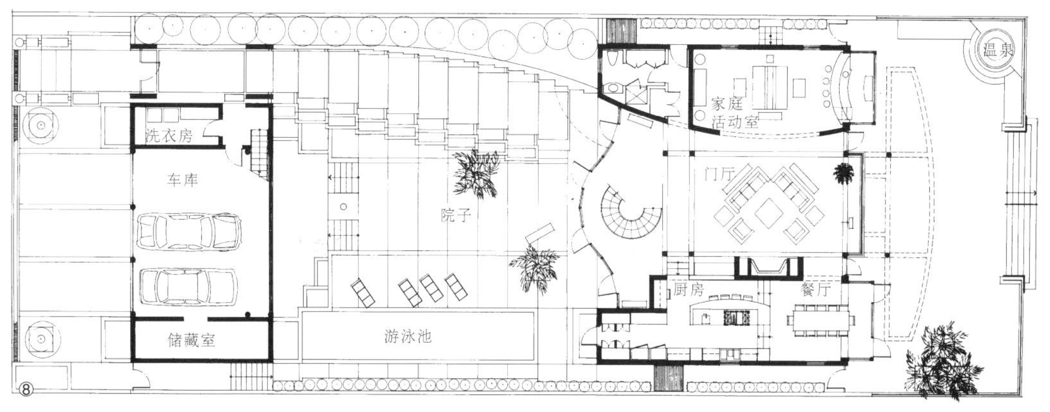

格瓦斯米·西格尔建筑师事务所
(Gwathmey Siegel & Associates Architects)

马利布住宅

美国，加利福尼亚，马利布

房屋面积：14700 平方英尺／1 366 平方米
场地面积：3 英亩／1.2 公顷
材　　料：现浇混凝土，钢框架，木框架地板和墙壁，粉饰灰泥外墙抛光面，立接缝锌板，石灰岩铺筑材料，蓝灰砂岩卵石，柚木外部，桃花心木内部

这幢私人住宅位于一块 3 英亩（1.2 公顷）的场地上，北邻太平洋海岸公路，南接太平洋，东西各有一幢两层住宅。设计的意图是要创造一种辽阔的场地感，同时最大化建筑的规模，以容纳一项庞大的计划。

沿着场地的西部边缘，绿树成行的入口车道遮挡着东边的客房和网球场。车道的尽头是一个有风景设计的汽车旅馆，在客房／草坪区与主房和游泳池区之间起到了过渡的作用，位于场地的南部边缘，与悬崖和大海平行。为了最大化视野并使建筑规模与场地的尺寸相适应，起居室／餐厅／厨房和主卧室被抬高到第二层。

在底层，入口把车库和服务区域与孩子们的卧室分隔开了，并可以直接进出游泳池露台。循环区与两层高的玻璃外墙平行，在物理上和视觉上把房子的全层和半层连了起来。一条斜道从入口通到一层半，终结于主卧室。在那里，一个螺旋楼梯通向一个睡觉的阁楼，朝向大海，俯瞰着下面的起居室。第二层提供了一连串像阁楼一样的起居室／餐厅／厨房空间，打开了朝向大海的视野。

1

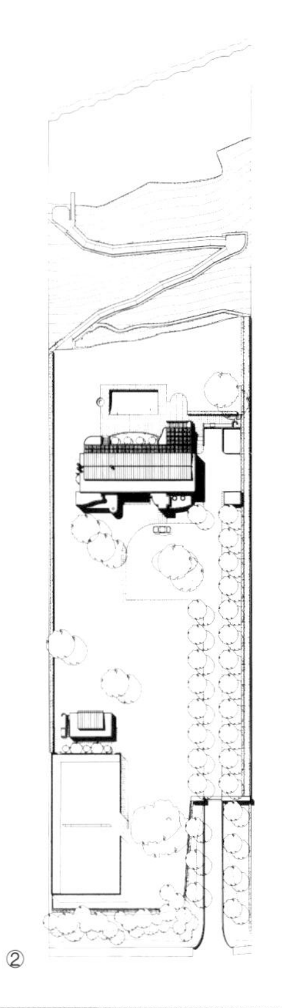

① 从东南看到的景观
② 场地平面图
③ 南正面局部
④ 北正面外景

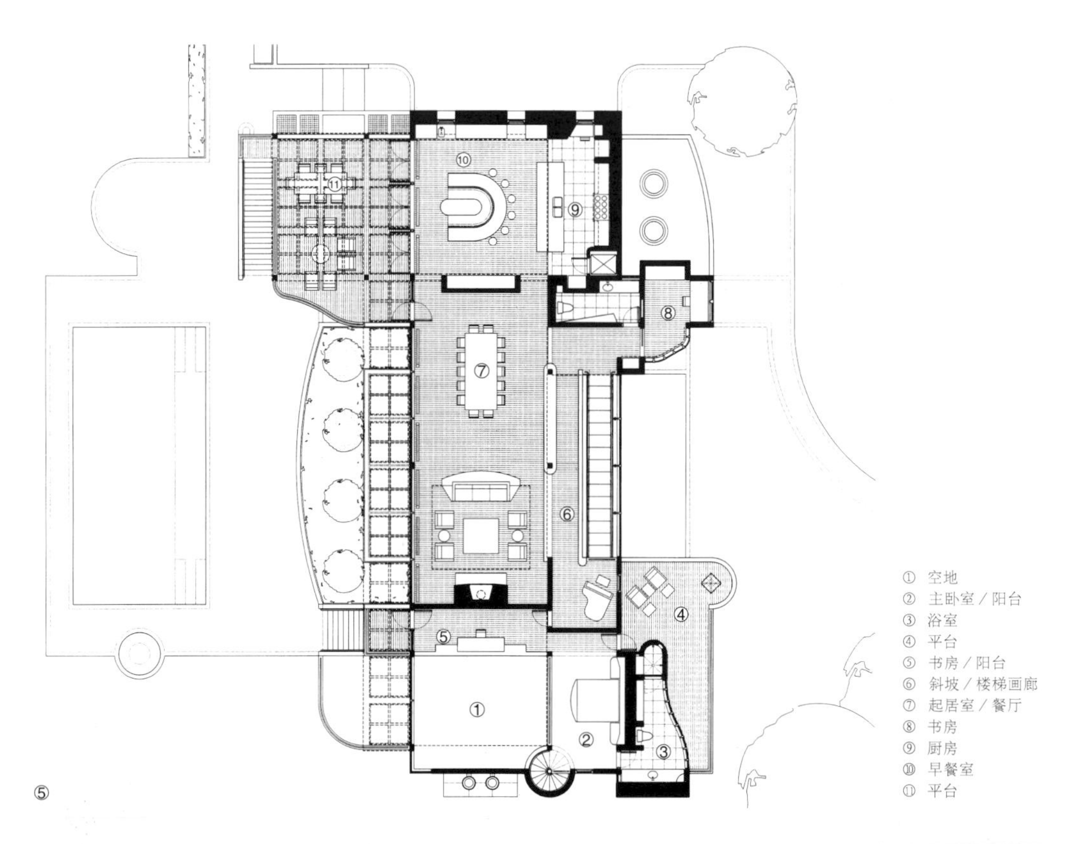

① 空地
② 主卧室／阳台
③ 浴室
④ 平台
⑤ 书房／阳台
⑥ 斜坡／楼梯画廊
⑦ 起居室／餐厅
⑧ 书房
⑨ 厨房
⑩ 早餐室
⑪ 平台

⑥

⑦

⑤ 主起居区平面图
⑥ 有外玻璃墙的循环区
⑦ 从起居室看到的海景
⑧ 起居区／用餐区
⑨ 截面图
⑩ 朝向起居区看到的景观

摄影：艾哈德·费弗尔（Erhard Pfeiffer）

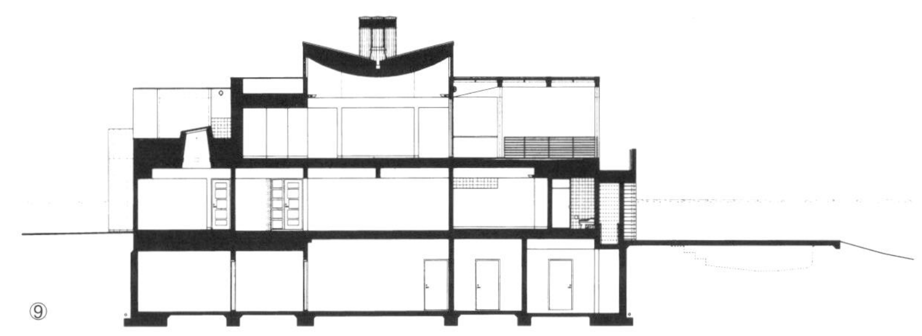

SITE 环境设计有限公司
(SITE Environmental Design, Inc)

马勒住宅

美国，纽约，纽约

房屋面积：3300 平方英尺 / 306 平方米
场地面积：1350 平方英尺 / 125 平方米

这幢住宅是为一家时尚设计公司的总裁和她的家人设计的，位于纽约市的格林威治村。项目要求翻修并扩建一幢 1820 年代的三层希腊复兴式住宅，它位于一个地标性的历史社区内。这幢住宅最初是作为早期的投机性住宅项目而开发的。由于疏于维护、节俭的建筑方法以及整体的衰败，这幢建筑需要较大规模的建筑工程。而且，为了扩大内部空间，在后花园的下面设计了一个创新的房间，把地下室改造成了几间卧室。

这幢房子的室内设计理念基于一连串的叙事观念，源自它的历史和语境，也源自业主的个人传记。这些信息被转变成了一系列建筑和家具的人工制品，部分从墙壁上露出，像幽灵般的记忆，被后来的新增建筑和几代居住者的出现所侵扰。这些人工制品的选择，取决于每个房间的规模和作用，也取决于已有的结构。

① 有花园露台的房子背后
② 改建前 1920 年的房子正面

③ 花园景观
④ 起居室
⑤ 安装在门厅的魔幻骑马装备
⑥ 起居室墙壁中的魔幻椅
⑦ 藏书室中魔幻书架装置
⑧ 朝向楼梯的藏书室
⑨ 安装在罩套构件上的魔幻钟

摄影：SITE 环境设计有限公司（2、5～8），安德里亚斯·斯泰兹（Andreas Sterzing，1、3、4），安迪·沃乔尔（Andy Warchol，9）

米勒／赫尔建筑事务所
(The Miller/Hull Partnership, LLP)

马昆德退隐地

美国，华盛顿，纳奇斯谷

客　　户：埃德·马昆德（Ed Marquand）
房屋面积：450 平方英尺／42 平方米
场地面积：200 平方英尺／81 平方米
材　　料：混凝土块，木平台，金属屋顶，木窗

雅吉瓦东部的纳奇斯河从喀斯开山脉向东流，雕刻出了一条美丽的山谷，两边是玄武岩峭壁。客户被这里干旱少雨的气候所吸引，在一个山坡上购买了一个200英亩（81 公顷）的“碗”。这块场地俯瞰着河谷和远处的峭壁，将被用作周末度假胜地。业主给设计提出了挑战：这个有限的、两间房的设计方案，所使用的材料要能够耐火、抗风和低挡闯入者。客户最初的想法是做一个让人联想到意大利式山间塔楼的项目。然而，原则性的想法是要拿出一个在特征上真正“西式”的设计，而不是怀旧的。

这幢建筑被构思为一个薄金属屋顶漂浮在一个基本的混凝土矩形上。漂浮的屋顶提供了一个朝南的遮阳门廊，狭长的天窗嵌在主外壳上，一条有棚顶的小路通向建筑物背后的蓄水塔。门廊下面是一个10 × 10英尺（3 × 3 米）的缺口，朝向南方，两扇全尺寸滑动门悬于一条轨道之上，横跨整个墙壁的长度。一扇门是屏蔽的，另一扇门装有玻璃，业主可以定制通风口与玻璃区域的比例。设计不得不回应酷热和严寒的可能性。然而，业主还是想要自然光和一幢能表达场地的原生态品质的建筑。

没有固定的电力，建筑物借助一个木材炉有效地加热。水塔通过一个水槽车注满，计划将来挖一口水井。

①

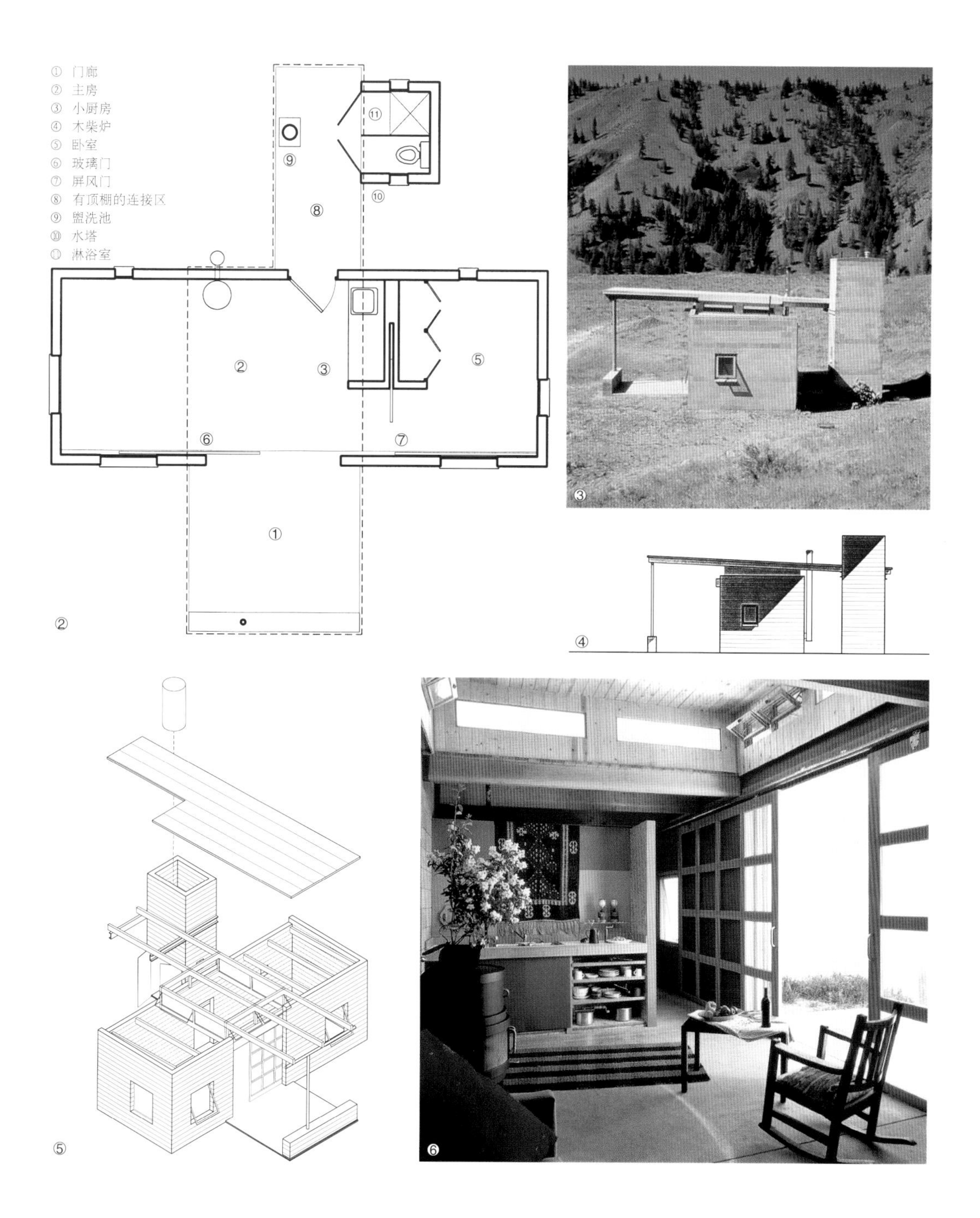

① 退隐地，混凝土砌块墙被水塔所固定

② 楼层平面图

③④ 东立面图

⑤ 投影图

⑥ 主房，有滑动的玻璃屏风板

摄影：史蒂文·克里德兰（Steven Cridland）

马什和格罗霍夫斯基建筑事务所
(Marsh & Grochowski)

马什住宅

英国，诺丁汉

房屋面积：1830 平方英尺 / 170 平方米
场地面积：10979 平方英尺 / 1020 平方米
材　　料：砖，红缸砖，砂岩，染色木料，不锈钢，道格拉斯冷杉，塑胶玻璃

这幢房子由两个主要部分组成，一个三层，另一个两层。三层高的部分朝北，被嵌入到山坡中。这样一来，从街上看，它好像只有两层高。两层高的部分朝南和东，使得三层部分有清晰的视野。两部分借助玻璃循环区结合在一起。三层部分横跨于两个类似书档的高塔之间，一座是砖塔，另一座是石塔。

观念上的挑战是要造一座这样的房子，它既要有私密性，同时又要回应周围优美的环境，并且让花园和英国气候的季节特征成为室内的组成部分。对环境的特殊回应通过材料的使用来表达，这些材料完成了原本并不打算让它们完成的任务。栏杆是用一段段连续的自行车链条做成的，模糊不清的窗户是把数以千计的大理石块插入到玻璃片之间，商店的橱窗展示系统被作藏书室的书架。

为了让人意识到光线和季节，并非常具体地把房子置于它的语境中，精心设置了一些建筑元素，以强化场地的重要景观；半遮半掩的屋顶照明被引入到空间的更深部分，好让光线进入。由于使用塑胶玻璃地板和室内的栈桥，这一观念得到了进一步的发展。

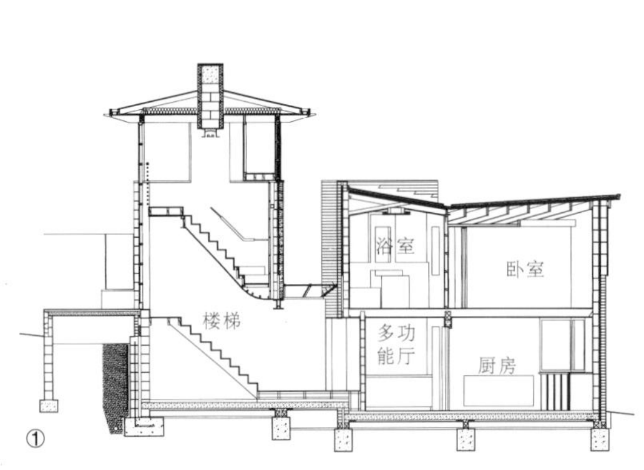

①

②

③

④

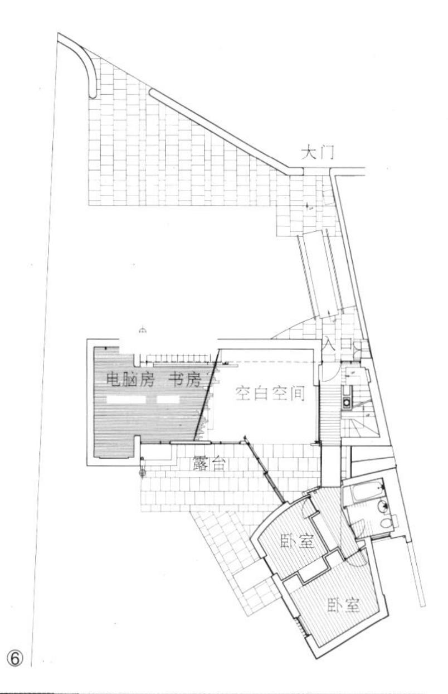

⑦ 壁炉旁的景观
⑧ 夹层工作室
⑨ 入口阳台

① 通过主楼梯井的剖面图
② 从露台看到的房子景观
③ 从南边看到的房子景观
④ 从大路上看到的房子景观
⑤ 双层高的起居空间
⑥ 入口平面图

摄影：**安迪·厄尔**（Andy Earl，2～5、8、9）；**马克·恩斯通**（Mark Enstone，7）

苏珊·A. 马克斯曼
(Susan A. Maxman，美国建筑师协会会员)

马克斯曼住宅

美国，宾夕法尼亚，费城

房屋面积：4200 平方英尺 / 390 平方米

场地面积：21780 平方英尺 / 2023 平方米

材　　料：粘土空心砖，粉饰灰泥，铸石，石板屋顶

这幢房子最初由乔治·豪（George Howe）设计，他与威廉·莱斯卡兹（William Lescaze）一起，因为设计美国第一座国际风格的摩天大楼费城储蓄基金会（PSFS）大楼而闻名于世。像欧洲的城市住宅一样，这幢房子也朝街道展示它的背后，大烟囱紧挨着前门。

翻修保留了很多最初的设计。通过尽可能拆除门，拓宽门道，并把小窗户改造成法式大门或观景窗，使得房子对光线和花园的景观敞开。一条狭窄的走廊被拓宽，几段墙壁被拆除，使得起居室能通到第一层的其余区域。

要使房子更适宜居住，不仅需要更新机械系统，改造厨房，引入现代照明系统，而且还意味着创造出无论是独处一室还是与家人朋友一起都很舒适的空间。嵌入式书橱围绕着起居室的壁炉，厨房被重新装配了一些温暖的元素，比如壁板、书橱和窗座。

① 房子立面图，面对有围墙的花园
② 后花园
③ 朝花园和喷泉方向看到的后立面图
④ 从街上看到的景观

⑤

⑥

⑦

⑤ 起居室
⑥ 书房，最初是乔治·豪（George How）母亲的卧室
⑦ 从餐厅朝向花园看到的景观
⑧ 厨房，向外可以看到服务庭院
⑨ 卧室

摄影：巴里·哈尔金（Barry Halkin）

洛德·麦卡利斯特（Rod McAllister）

梅兰古斯住宅

英国，康沃尔郡，法尔茅斯

客　　户：洛拉（Lola）和布鲁斯·麦卡利斯特（Bruce McAllister）
房屋面积：1884 平方英尺 / 175 平方米
场地面积：7212 平方英尺 / 670 平方米
材　　料：承重砌块，预制地板，水泥底灰和软木制品

这幢房子是一个低预算的自建项目，用的是本地的砖匠和木匠。简单堆放的卧室和铺着海蓝色瓷砖的浴室，与开放式的、有露台的起居空间形成鲜明对比。插花占据了一连串的赤陶容器，溢出到一个成熟的果园里。在一道顶部透光的狭缝的任意一侧，通向一片竹海中的一个木质平台。明亮的主空间是双层高，为的是展示业主的大幅绘画。厨房工作台和餐桌都是混凝土现浇的。

① 北立面图
② 场地平面图
③ 从前门入口台阶顶部看到的夜景
④ 从北边朝起居室大门看到的景观
⑤ 起居区，旁边是夹层楼面和厨房
⑥ 顶层浴室

摄影：曼迪·雷诺兹（Mandy Reynolds）/ Fotoforum

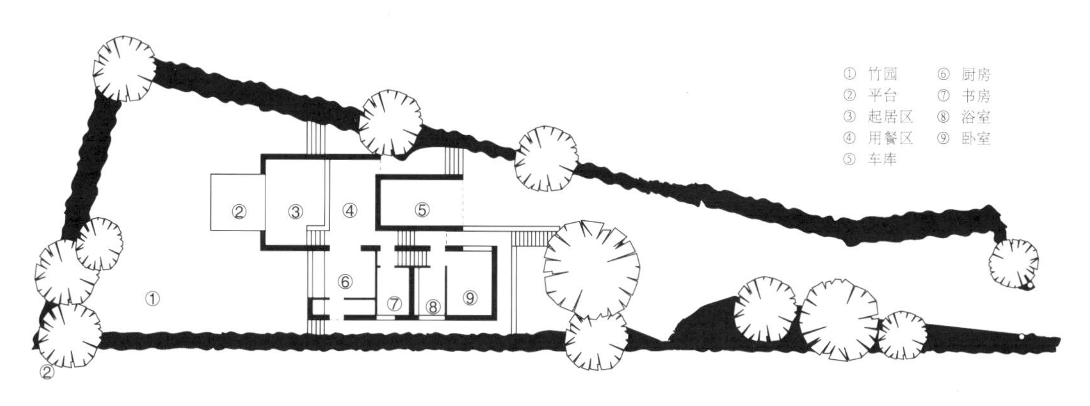
① 竹园
② 平台
③ 起居区
④ 用餐区
⑤ 车库
⑥ 厨房
⑦ 书房
⑧ 浴室
⑨ 卧室

③

④

⑤

⑥

米勒／赫尔建筑事务所
(The Miller/Hull Partnership, LLP)

迈克尔夫妇／锡森住宅

美国，华盛顿，麻沙岛

材　　料：钢，混凝土，金属，木料

这幢住宅坐落于一个陡坡上，树木茂盛的场地紧挨着一条小溪。它包括两个主楼层，在一个包含服务空间的两层混凝土块底座的上方。之所以选择一个由各种材料——钢、混凝土和金属——组成的工业调色板，不仅是因为它们的审美吸引力，而且也是因为容易维护。

一个入口楼梯塔从它的基础上悬空伸出，保护着附近道格拉斯冷杉树的根部。这个楼梯领着来访者经过第一层，这一层包含两间故意设计得像小壁橱一样的儿童卧室，一间浴室，一个小的游戏区，以及洗衣房和机械储藏室。

当你顺着楼梯继续拾级而上，楼梯平台拓宽了，为的是给循环通道外的计算机区域和藏书室提供空间。

上面两层从底层车库和卧室的上方伸出，为的是使建筑物在场地上的占地范围最小化。在主层，厨房、起居室和餐厅区通到一个平台，那里有开阔的视野，可以看到树木茂盛的峡谷。上层包含容纳电子音乐室的空间，经由一个栈桥与主卧室相连，栈桥上可以俯瞰下面的起居空间。

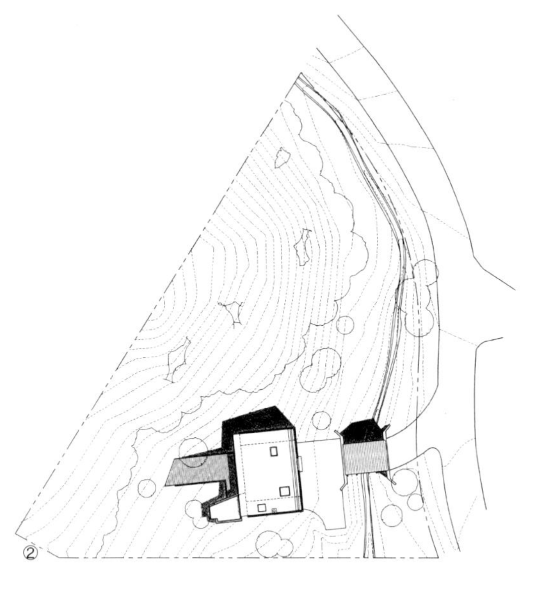

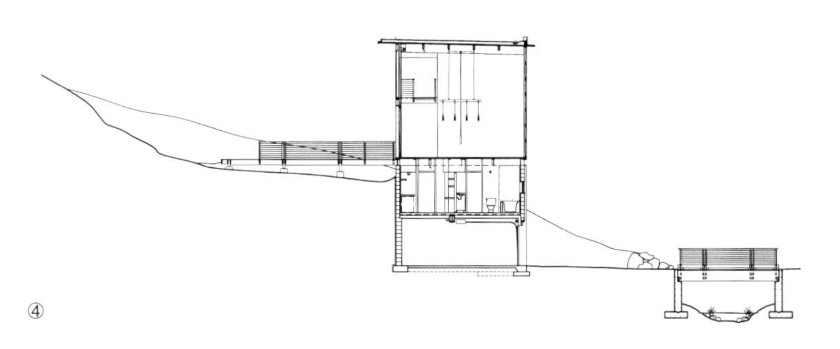

① 东面入口立面图
② 场地平面图
③ 垂直的房子升起在树林茂密的峡谷
④ 截面图
⑤ 镶嵌着玻璃的钢质框架通向屋后的私人平台

摄影：弗雷德·豪塞尔（Fred Housel，1、3），阿特·格里斯（Art Grice，5）

赫伯特 · 刘易斯 · 克鲁泽 · 布伦克建筑事务所
(Herbert Lewis Kruse Blunck Architecture)

摩恩住宅

美国，爱奥瓦，新得梅因

客　　户：迈克尔（Michael）和克里斯蒂娜 · 摩恩（Christine Moen）

房屋面积：7900 平方英尺 / 734 平方米

材　　料：黑漆桦木，石灰岩，黑色花岗岩，不锈钢，灰泥镶板，磨砂玻璃

这幢房子是一次野心勃勃的尝试，试图以强有力的现代主义建筑元素的语汇，反映被动式太阳能和主动式太阳的概念组合。有朝南伸出的覆土屋顶，砖地板，以及开放式楼层平面，这幢房子回应了深远的节能关切。

项目规划重新建构、重新考量、重新解释了最初的设计。始于剥去几乎每一个表面，回到最初的结构混凝土墙、混凝土地板和预制屋顶平台，空间沿着跨越上层和下层的循环骨架重新排列。内部起居空间再次被打开，通向广阔的南面景观。地毯和瓷砖被石灰岩或磨光黑色花岗岩所取代。

黑漆桦木、石灰岩、黑色花岗岩、不锈钢、灰泥镶板和磨砂玻璃组成的调色板，被用来界定房间和勾画建筑构件的轮廓。至关重要的是要创造克制而有序的起居空间，为一批正在发展的家具和艺术品收藏提供背景。

①

②

③

④

⑤

⑥

① 外景
② 入口
③ 起居区紧邻着厨房
④ 用餐区
⑤ 入口层平面图
⑥ 底层平面图
⑦ 朝向用餐区看到的景观
⑧ 为收藏艺术品而创造出来的空间

摄影：法西德·阿萨辛（Farshid Assassi）/ 阿萨辛（Assassi）制作

⑦

⑧

希姆·萨特克利夫建筑师事务所
(Shim Sutcliffe Architects)

马斯科卡船屋

加拿大，安大略，威廉角

像勒·柯布西耶（Le Corbusier）在法国南部建造的粗糙木屋或纽约州北部的阿第伦达克营地一样，这个项目也是荒野里的一间“精致棚屋”。互相关联的元素使建筑与自然、陆地与水、终极传统与进步连在了一起，界定了这座船屋的体验。工程的垂直层形成了内部屋顶花园与水的边缘之间的边界，完成了由森林边缘天然定义的空间。正如天花板平面倒映在下面的水中，材料和方法也在工程的水平层相互交织，以增强摇摆于林地与湖水之间的景观在空间上的广阔。

各个层面的相互交织是通过独一无二的建筑次序创造出来的，它始于冰封湖面上的码头设计。画定了每个木垛的位置，再在冰面上挖一个洞。当每个木垛完成的时候，便给它填充花岗岩石碴，使之降低，以便安顿在湖床上。从这个淹没在水中的原始结构中，重木外墙出现了，以保护工艺复杂的小木屋卧室。内部抛光面进一步使平凡普通与精密复杂交织在一起。道格拉斯冷杉做成的橱柜和精致的桃花心木窗都处理得很细致，以允许木垛基础的移动所导致的不同沉降。传统的维多利亚式压条天花板被改成了卧室小木屋中有形状的道格拉斯冷杉天花板。浴室中的桃花心铺道板回应了典型的穆苏科卡船甲板。

① 从户外平台朝湖上看到的景观
② 船台的外部景观，上面是户外平台
③ 水滨平面图
④ 从岸边看到的船屋景观
⑤ 从湖上看到的船屋景观
⑥ 从有棚顶的门廊看到的湖景
⑦ 从有棚顶的门廊看到的景观

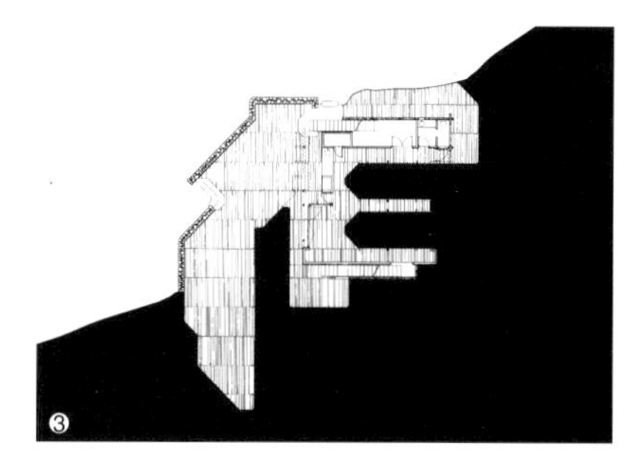

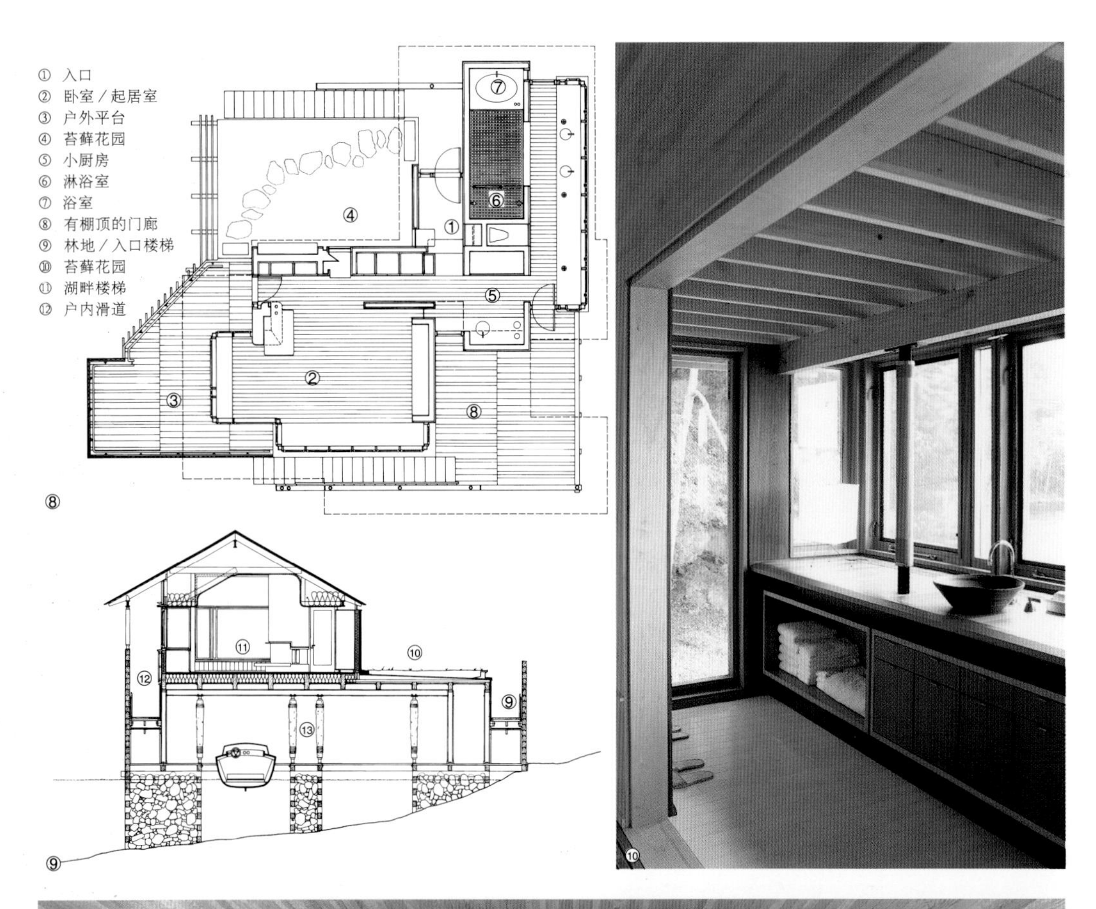
① 入口
② 卧室／起居室
③ 户外平台
④ 苔藓花园
⑤ 小厨房
⑥ 淋浴室
⑦ 浴室
⑧ 有棚顶的门廊
⑨ 林地／入口楼梯
⑩ 苔藓花园
⑪ 湖畔楼梯
⑫ 户内滑道

⑧

⑨

⑩

⑪

⑧ 第二层平面图
⑨ 通过船屋的东西截面图
⑩ 浴室区的景观
⑪ 卧室／起居室的景观
⑫ 朝向户外平台看到的卧室／起居室景观

摄影：**詹姆斯·道**（James Dow，1、2、4、6、7、10～12），**希姆·萨特克利夫**（Shim Sutcliffe，5）

阿部仁史（Atelier Hitoshi Abe）

n屋

日本，神奈川，镰仓

场地位于一座历史名城的中心。这个地方可以描述为一个禁猎区，至今有幸保持着丰富的自然植被。它位于一座小山的山脚下，南面和西面被下降的坡地所环绕，南面有陡峭的悬崖向上通到山顶。与平常的宅基地相比，有很多的要求来界定这块地的组织方式，包括地形条件和法律限制，加上其他一些规章条例。

客户的要求包括专门设计的黑色混凝土，分开的私人房间供丈夫和妻子使用。此外还有他们共用的日本式主卧室，两间客房，紧挨着每个房间的浴室，以及一个适合于大型聚会的空间，独立于餐厅、厨房和起居室。

因此，这间房子的典型形状，是内部需求被一连串交替的实体和空白组成的链条所取代的结果。这根连接链形成了一个圆环，以创造公共空间，然后被置于外部需求所构成的风景当中。

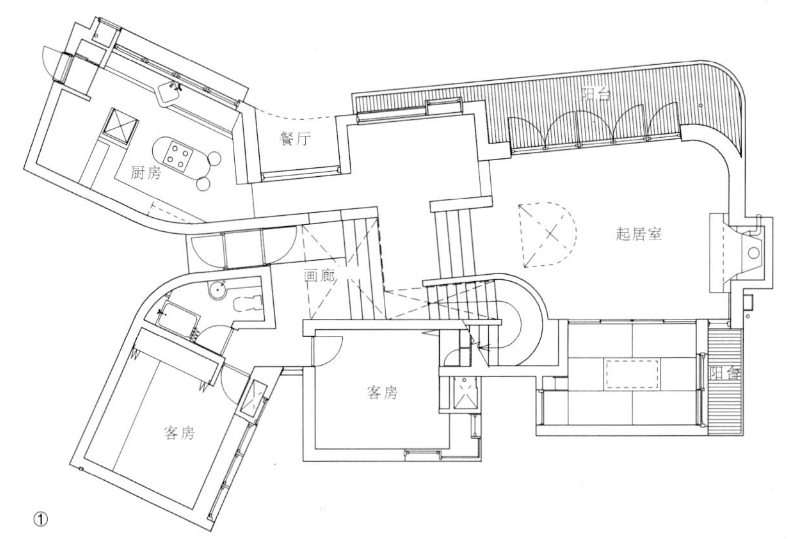

①

②

③

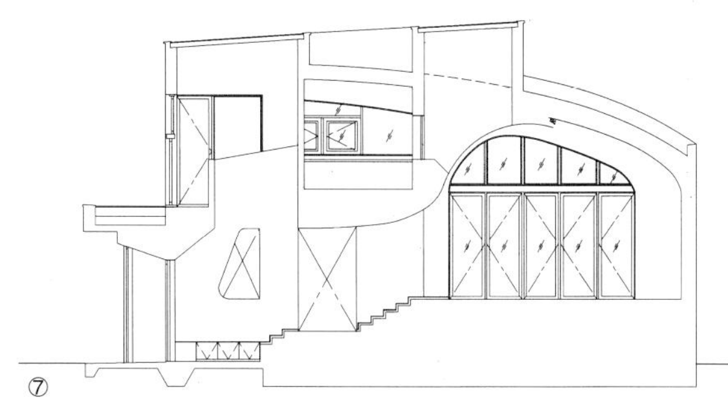

① 第一层平面图
② 入口通道的外部景观
③ 从南边看到的外部景观
④ 南正面外部景观
⑤ 起居室景观，通向楼梯平台
⑥ 厨房
⑦ 截面图
⑧ 从入口仰望起居室看到的景观
⑨ 从上一层朝向起居室看到的景观

摄影：NAP（2～6），新建筑社（Shinkenchiku-sha，8、9）

麦克·史考根·梅丽尔·埃拉姆建筑师事务所
(Mack Scogin Merrill Elam Architects)

诺门塔那住宅

美国，缅因，洛弗尔

客　　户：玛格丽特·诺门塔那（Margaret Nomentana）
房屋面积：4450 平方英尺／413 平方米
场地面积：2.8 英亩／1.1 公顷
材　　料：混凝土基础上的木和钢框架，水泥纤维板和预风化锌包层，混凝土地板，木和铝窗户及玻璃系统

这是一个朴实无华的场地，然而却有私密的视野，可以越过池塘，看到白山国家森林公园的东部边界：圣主山。这座山是一个接近垂直的倾斜平面，春夏的草木舒适宜人，秋天的色彩让人眼花缭乱，冬天的冰雪晶莹剔透、闪闪发光。

这幢房子坐落于一个斜坡的边缘，下临池塘。它在这块场地上呼吸，通过一系列内部空间事件——框起、聚焦、围住、延伸、解散和颂扬——来美化自己。从农场迁到森林，这幢房子参考并诠释了那首著名的儿歌："大房子，小房子，后屋和谷仓。"

像它面前的那些缅因州的房子一样，这幢房子也是叠床架屋的结果，空间防御性地紧挨在一起，抵御缅因州漫长而严酷的冬天，并给人"住房小城"的印象。总是瞻前顾后，它的各个房间从不孤单。它们是一些在视觉上和空间上始终都在交流的房间。它们是乡村的、偏僻的，但决不是与世隔绝的。

① 西立面图
② 起居室门廊
③ 南面入口
④ 底层平面图

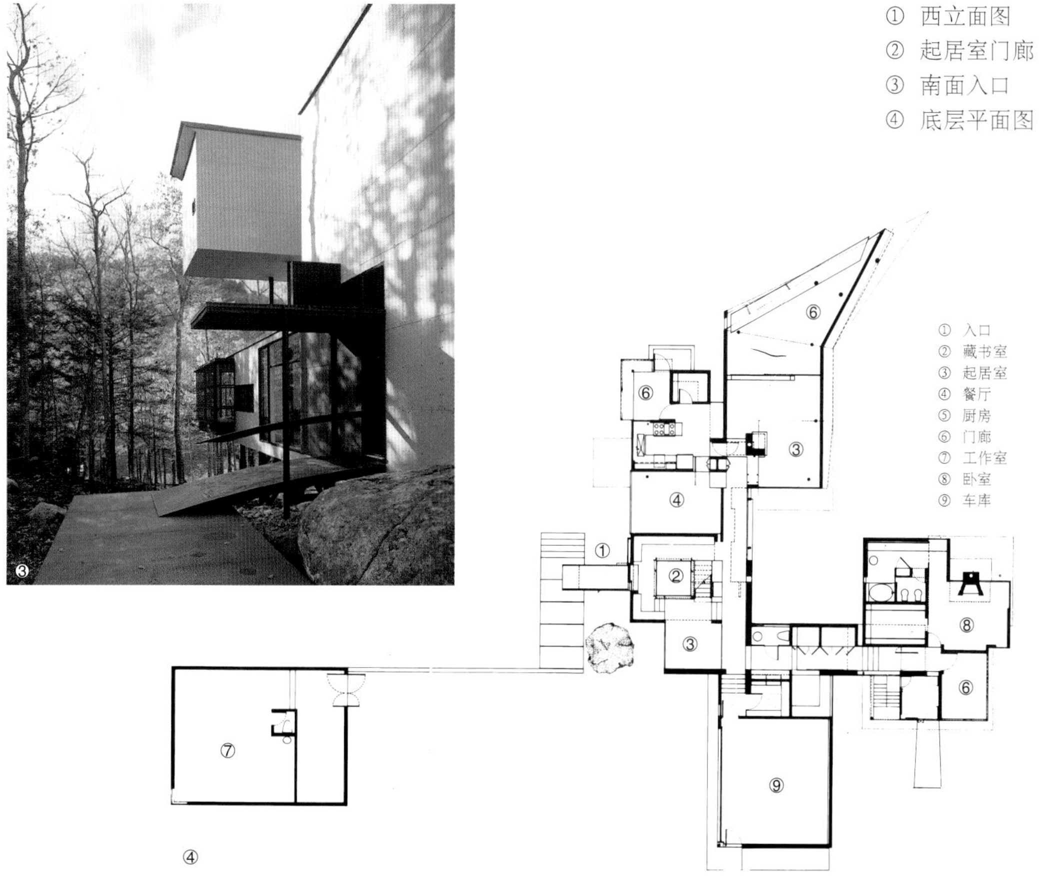

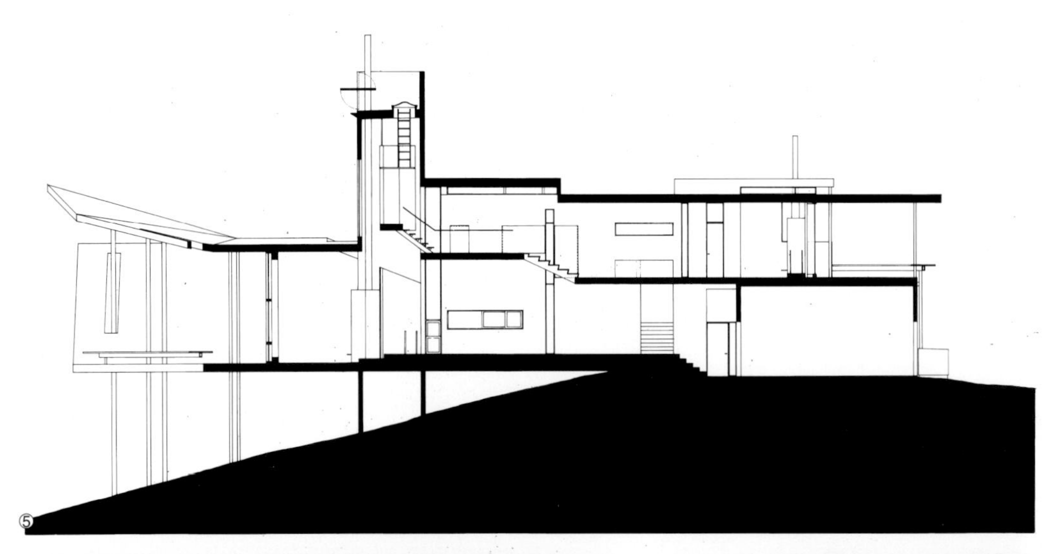

⑤ 向北的东西截面图
⑥ 朝向平台看到的起居室景观
⑦ 从起居室平台看到的景观
⑧ 入口／藏书室／两层蓄水池的景观

摄影：蒂姆西·赫斯利(Timothy Hursley)

⑧

黑川纪章建筑师事务所
(Kisho Kurokawa Architects & Associates)

O住宅

日本，东京

房屋面积：3315平方英尺／308平方米
场地面积：9870平方英尺／917平方米
材　　料：红花岗岩，混凝土，木料，榻榻米垫子，雪松，大理石

O住宅的底层被置于跟街道同一平面上，使得可以从车库直接进出街道。底层入口大厅通过螺旋楼梯与第一层连接起来，同时，第一层前入口与来自南面的楼梯接近。

专门用于茶道的空间坐落于场地的后部，通过一个栈桥与房子相连。外部混凝土盒子容纳了茶道室的木十字网格结构。周围走廊的墙壁上有四幅“瀑布”系列画（春、夏、秋、冬），作者是定居纽约的日本画家千住博（Hiroshi Senju）。

这些绘画可以透过茶道室的木十字网格来欣赏。茶道室在白天通过日本传统的网代（ajiro，织篮式天花板）采集自然光，在夜里则通过小洞采光，像布满星星的天空一样。

① 入口大门
② 有小路的花园小溪
③ 户外浴室
④ 茶道室外的花园
⑤ 起居室
⑥ 地下层入口
⑦ 第一层平面图
⑧ 茶道室走廊

摄影：小林广司（Koji Kobayashi）

②

③

④

⑤

⑥

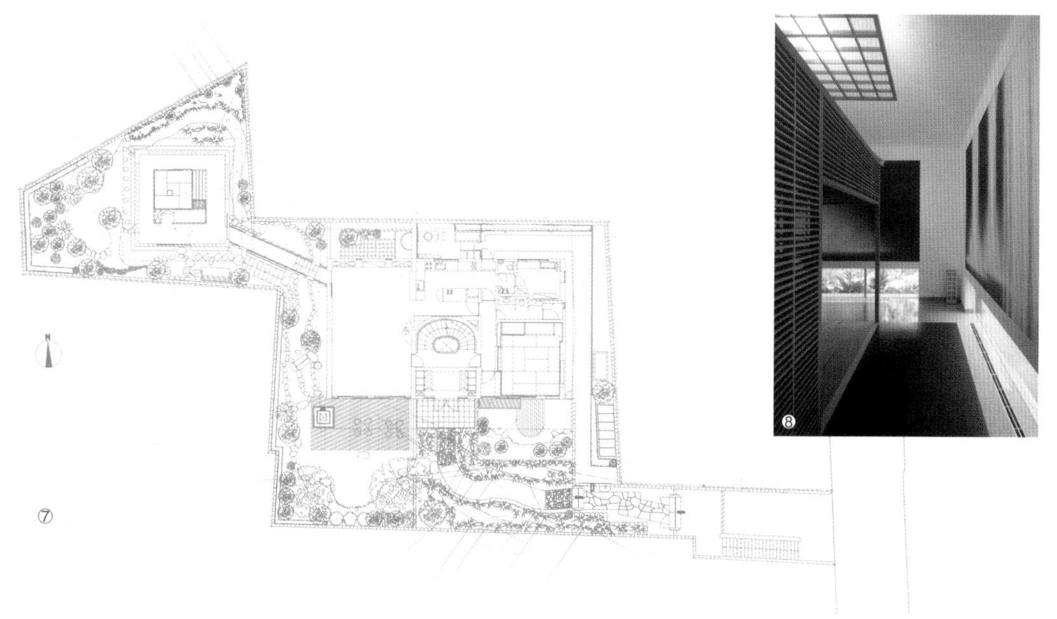
⑦

⑧

弗奥建筑有限公司 (Pfau Architecture Ltd)

内外宅

美国，加利福尼亚，马林县

1

房屋面积：2300平方英尺／214平方米
场地面积：2.5英亩／1公顷
材　　料：混凝土，不锈钢，槭木，桦木，道格拉斯冷杉，玻璃，铝，玻璃马赛克，雪松

这幢房子坐落于一片橡树林中，朝外可以把下面河谷的景色尽收眼底，还可以看到马林海岸山脊的远景。这幢朴实无华的建筑最初是由1950年代湾区的一位建筑师罗莎琳德·沃特金斯（Rosalind Watkins）建造并居住的。意识到环境的壮观，于是发展出了这样一种观念：要设计一幢透明的房子，把室外的空间拉进室内，并回应现有建筑固有的几何形状。

起居空间的所有墙壁在翻修中都被拆除了，为日常生活提供了流动的空间。最初设计的飞镖形是两个线形侧翼交叉的结果。为了让新增的部分能够弘扬这些固有的品质，就必须把它建在交叉点的中心。于是，飞镖的每个侧翼都被扩大了，形成了一些重叠的矩形，在交叉处向上升高，在第二层创造了一间主卧室。

新屋顶的形态成了现有建筑其余部分简单而分层的水平延伸。结构支撑保留了下来，依然是外露式钢结构，为了跟附近的金门大桥相匹配而被涂上了颜色。现有的钢梁“飞”过了用餐区，以支撑新楼梯，并把一张定制的餐桌框在中间。为了实现一种类似于透明梯子的感觉（像在树上攀爬一样），新楼梯是用钢做成的，有开放式的梯级踏板和不锈钢船用缆绳。

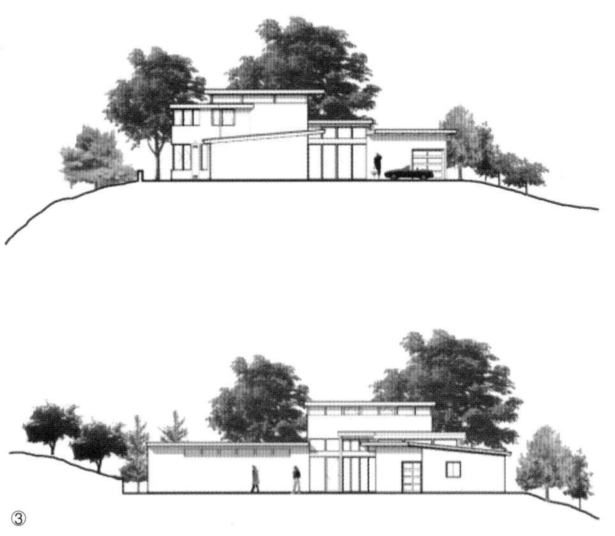

① 前入口景观
② 夜晚从附近看到的附属建筑景观
③ 立面图（西和南）
④ 从游泳池看到的后景

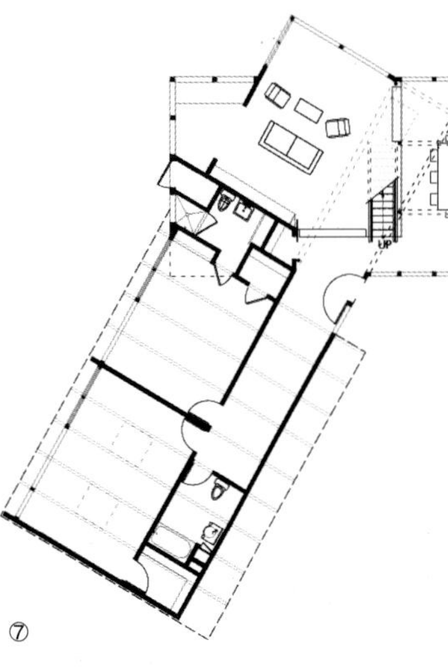

⑤ 主浴室局部
⑥ 厨房局部
⑦ 现有住房的平面图
⑧ 用餐区，远处是前入口
⑨ 主卧室
⑩ 用餐区和厨房

摄影：马修·米尔曼（Matthew Millman）

⑨

⑩

加布里埃尔 & 伊丽莎白·普尔设计公司
(Gabriel & Elizabeth Poole Design Company)

普尔住宅

澳大利亚，昆士兰，威巴湖

客户在一个钢架帆布帐篷里生活过一段时期之后(那是一段终生难忘的经历)，开始着手设计一个更实用的版本，但这个版本依然保留了光线的品质、心灵的自由，以及使得那顶帐篷如此令人难忘的通风控制。

新房子的设计基于一个轻型的入口系统，但墙壁如今更加结实，并广泛地利用了早先的房子所使用的壁橱系统。这一次是为了衣橱、厨房水槽和浴室而使用它们。

屋顶是在帐篷的基础上所作的一次改进，之所以选择这样的屋顶，是因为它的冷却质量，有外部悬顶飞跃于内屋顶之上，创造了一个冷空气的缓冲地带，冷空气在这两个平面之间流动。房子保留了帐篷中所使用的聚氯乙烯（PVC）外部悬顶，并用聚碳酸酯薄板双层墙取代了帆布天花板。天花板的隔热性能更好，因为聚碳酸酯的作用在很大程度上像双层玻璃一样，同时保留了天花板极好的亮度，以及整个房子的光线品质。

①

②

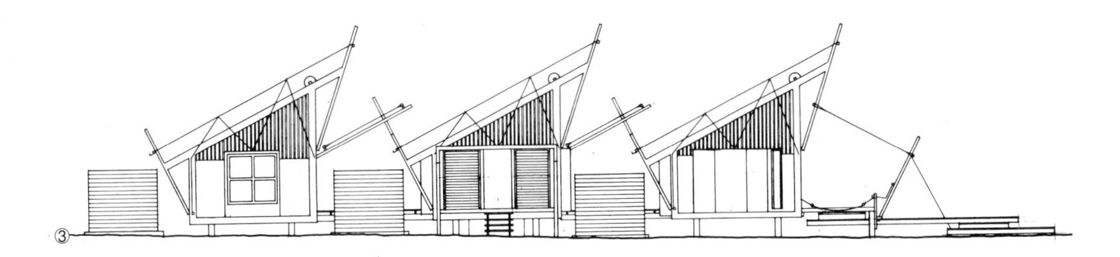

① 从东边看到的房子
② 从北边看到的夜景
③ 东立面图
④ 有网状座椅的北平台
⑤ 通过浴室时朝卧室看到的景观
⑥ 北立面图，向下是滚轴门

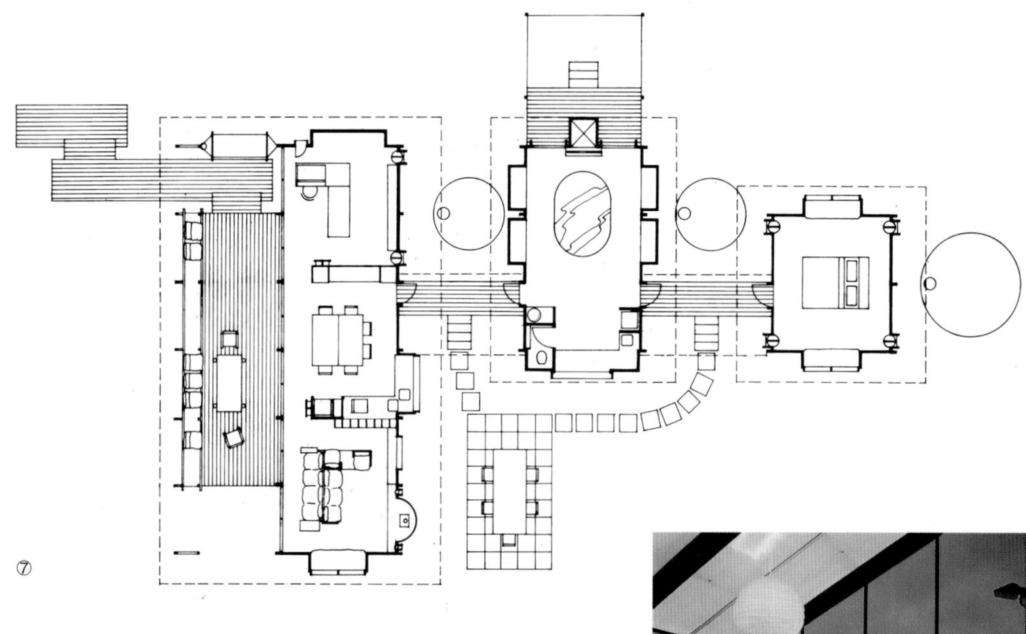

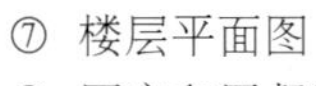

⑦ 楼层平面图
⑧ 厨房和用餐区
⑨ 穿过起居室向壁炉看到景观
⑩ 厨房
⑪ 浴室和遮阳屏

摄影：莱纳·布伦奇（Reiner Blonch）

塞壬建筑师事务所（Siren Architects Ltd）

索伊维奥桥屋

芬兰，瓦马拉

客户：里娜（Leena）和安蒂·索伊维奥（Antti Soivio）

从这幢别墅往上，山坡上有一汪山泉，从不干涸，即便是在最热的夏天。一对夫妇拥有这片农场，他们觉得，小溪的两边都是建造别墅的理想场所，于是决定建造一幢别墅横跨这条小溪，反映一座桥的精神。

根据业主的要求，桥下的池塘蓄养了鲑鱼供垂钓。这个两米深的池塘，使得游泳者可以从桥中间的桑拿浴室直接跳下去，面对傍晚的夕阳洗个澡。尽管这幢别墅位于一片森林中间，但你可以坐在里面，其体验就像早晨在一艘帆船里醒来，注视天花板上太阳的光线。

① 东南正面
② 截面图
③ 立面图
④ 东南正面
⑤ 西南正面

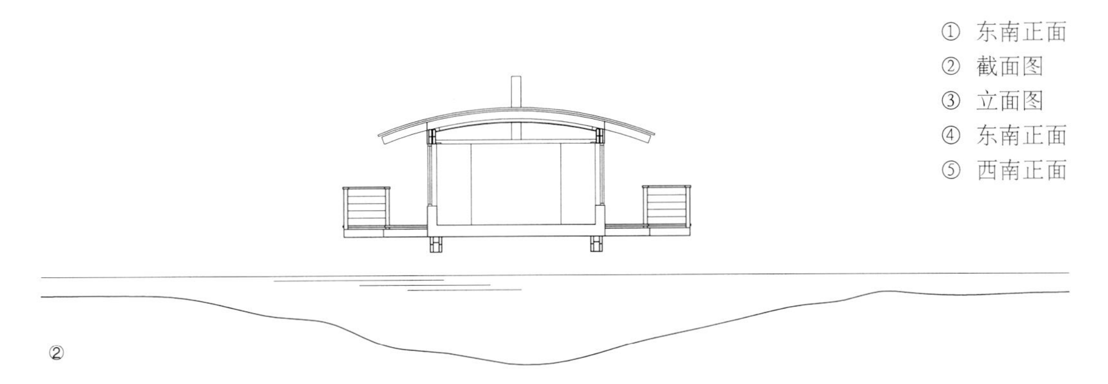
②

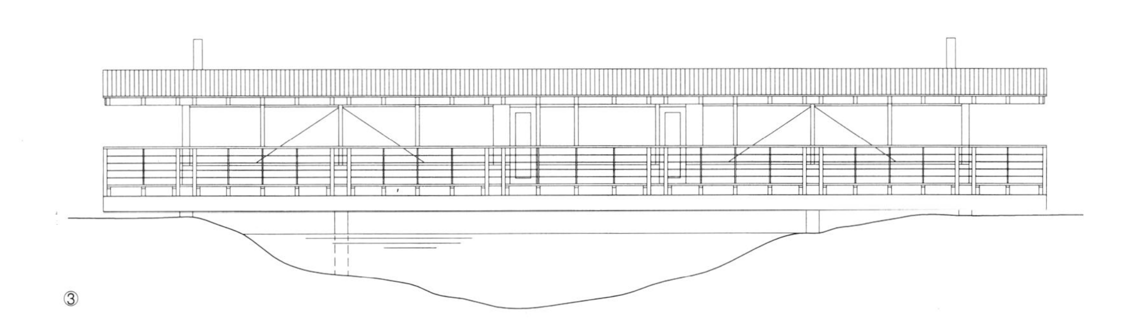
③

④

⑤

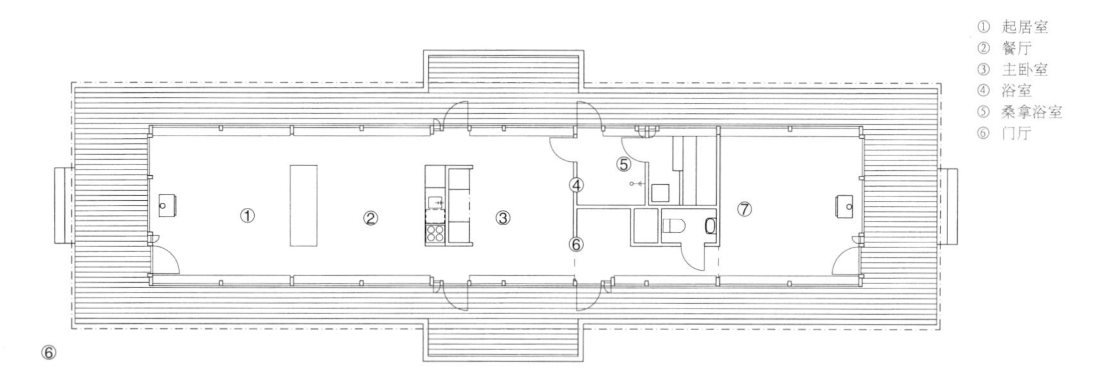

① 起居室
② 餐厅
③ 主卧室
④ 浴室
⑤ 桑拿浴室
⑥ 门厅

⑥

⑦

⑥ 楼层平面图
⑦ 正面局部
⑧ 起居室
⑨ 起居室／厨房

摄影：拉斯·哈伦（Lars Hallen，1、7、8），阿诺·德·拉夏贝尔（Arno de la Chapelle，4、5、9）

考克斯集团（The Cox Group）

河滨住宅

澳大利亚，昆士兰，圣鲁西亚

❶

❷

房屋面积：5812 平方英尺 / 540 平方米

场地面积：8170 平方英尺 / 795 平方米

材　　料：锌包层，锌拱腹，垂直西部红雪松板材，水平木板条，不锈钢槽，镀铝锌屋顶，不锈钢窗棂，无框玻璃窗，钢筋混凝土墙，砂岩铺砌地面

河滨住宅是围绕一个现有的结构框架而建起来的，从河岸的上方悬空伸出，提供了罕见的开阔视野，俯仰天地，极目山河。

它从这个结构上方的一个轻量型表达，转变为平坦地带包锌预染色混凝土上的砖石结构表达，产生了原材料之间的质地共鸣。天然木材板条和堆叠玻璃是进一步的处理，用在不同的面板上。这样一来，平面与形态之间直角几何图形的相互作用得以建立。

材料的转换还反映了一连串视觉上连续、但空间上界定明确的区域——从下车处至河沿。尽管这幢房子主要是为一对处于半退休状态的夫妇设计的，但庭院“区域”提供了它自己的环境，考虑了他们的孩子常回家看看。

河沿部分在垂直方向上被分为上层主卧室套房，中层，以及下层的客房。在中层，悬空伸出的部分被处理为起居室“阳台”，经由一道机械化的玻璃墙。这道墙被降低到了栏杆的高度，有单独的控制分别用于遮阳和昆虫防护。

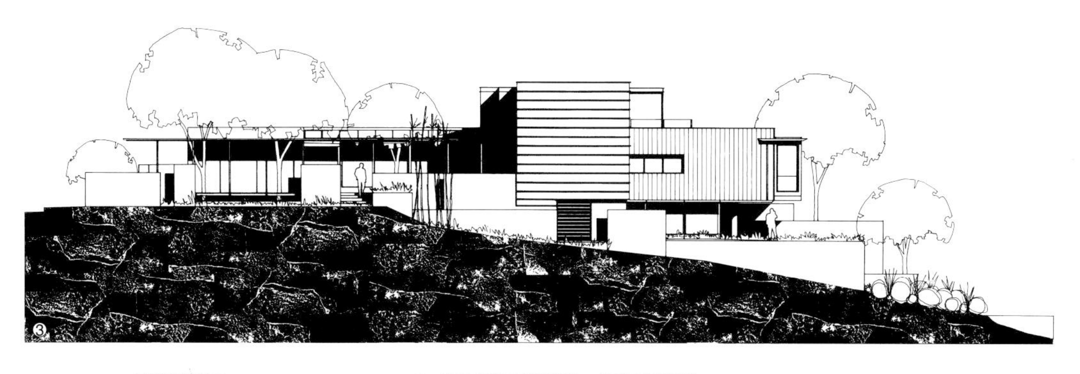

① 朝向河边低地的玻璃窗
② 从河对岸看到的景观
③ 东立面图
④ 临街入口顶篷
⑤ 包锌东墙
⑥ 朝河的方向看到的院子景观

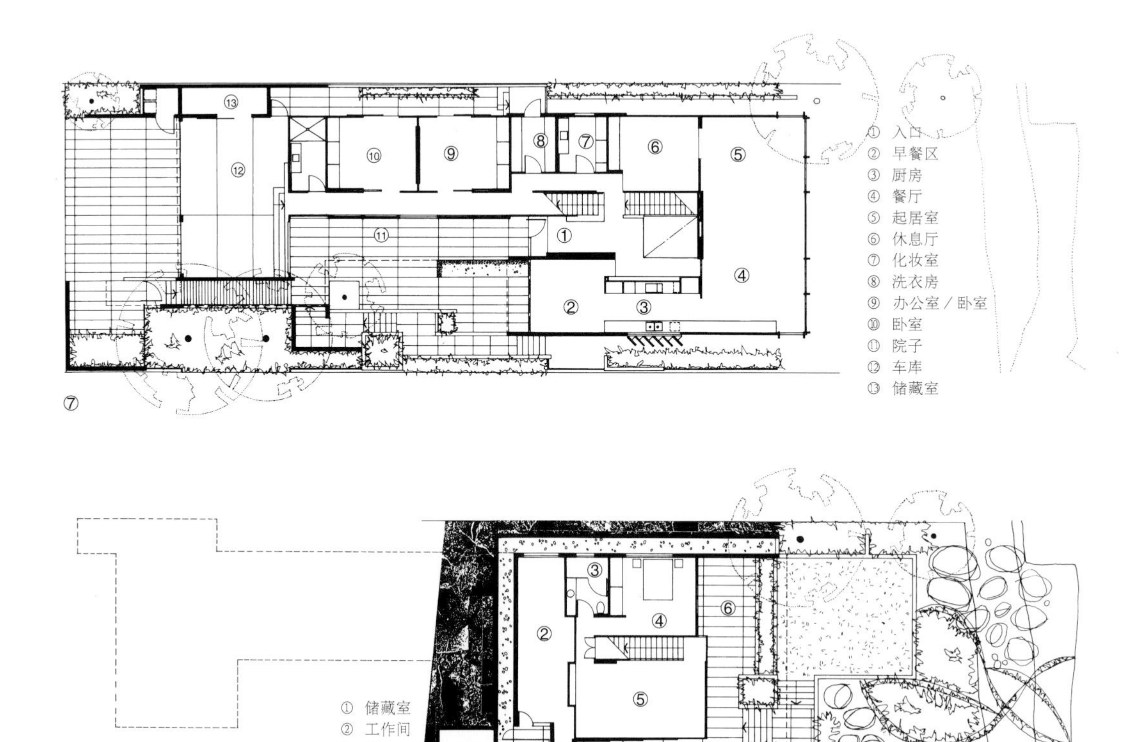
⑦
① 入口
② 早餐区
③ 厨房
④ 餐厅
⑤ 起居室
⑥ 休息厅
⑦ 化妆室
⑧ 洗衣房
⑨ 办公室／卧室
⑩ 卧室
⑪ 院子
⑫ 车库
⑬ 储藏室
⑧
① 储藏室
② 工作间
③ 浴室
④ 客卧室
⑤ 娱乐室
⑥ 露台

⑨

⑩

⑦ 主（中）层平面图
⑧ 底层平面图
⑨ 通向上层的开放式楼梯
⑩ 入口大厅
⑪ 有落地玻璃窗的起居室

摄影：马克·格林（Marc Grimwald）、马克·伯金（Mark Burgin）

哈马扎 & 杨设计事务所（T.R. Hamzah & Yeang Sdn. Bhd.）

屋顶－屋顶住宅

马来西亚，雪兰莪，安邦

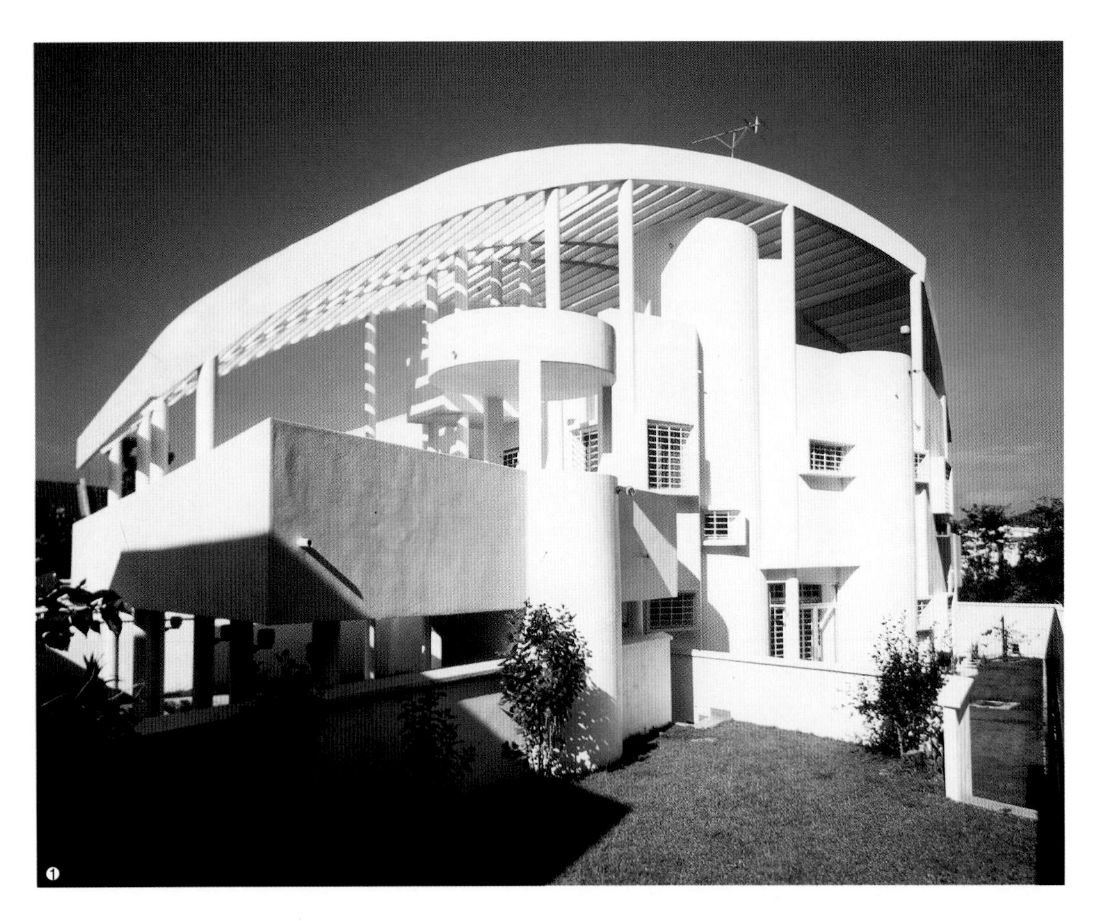

客　　户：K. 杨（K. Yeang）博士
房屋面积：3500 平方英尺 / 325 平方米
场地面积：6500 平方英尺 / 604 平方米
材　　料：砖，预浇混凝土，天窗，石膏灰泥天花板，石膏板吊顶，混凝土地板，瓷砖

这幢房子是作为建筑师的生物气候学设计理念的工作原型而设计的。本设计是一次系统化的努力，试图利用气候因素来塑造建筑的外壳、形状和空间组织。

例如，它的南北定向保护了主要空间免受热带太阳的直射。底层起居空间朝东，通向游泳池，利用东南风来改变建筑的小气候。这股盛行风在吹过游泳池上方的时候被冷却了，然后再进入起居空间。那里有 4 个活动层——滑动格栅、玻璃面板、实心面板和可调整百叶窗——来调控起居空间的小气候。

室内空间的设计遵循一条东西轴线的辐射结构，以这种方式把建筑物与场地边界墙之间的空间整合为小型庭院。

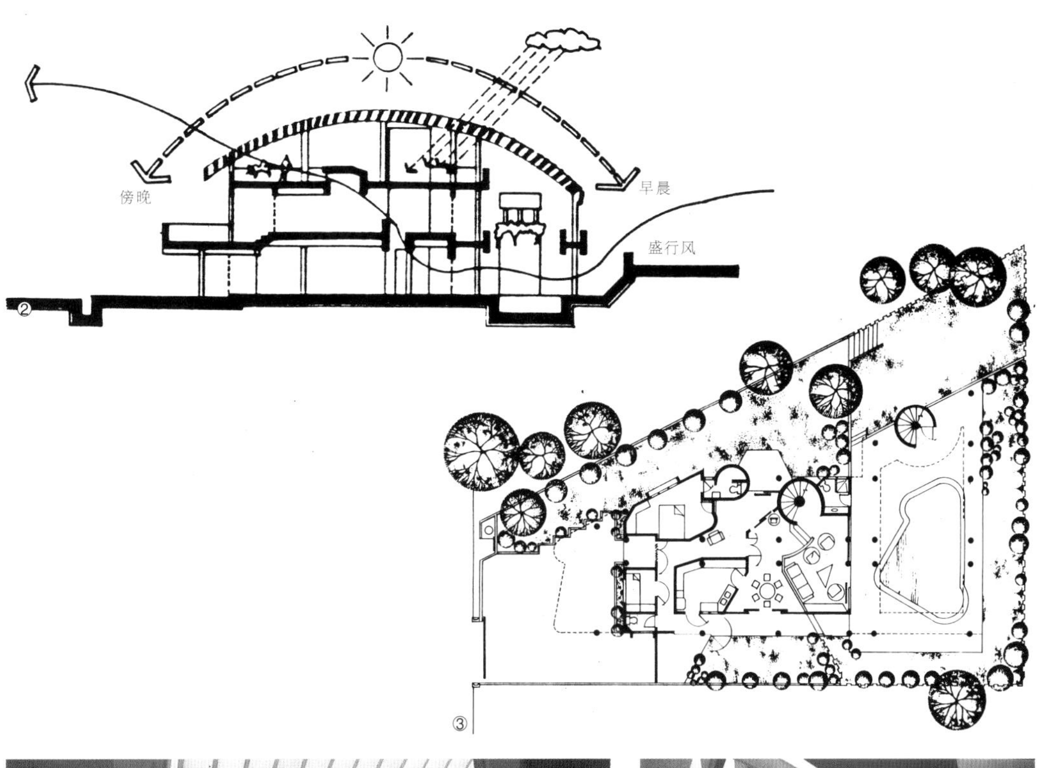

① 从东北角花园看到的房子景观
② 东西横截面图
③ 底层平面图
④ 从北边看到的游泳池景观
⑤ 游泳池上方装有百叶窗板的屋顶景观

摄影：K. L. Ng摄影社
(K. l. Ng Photography)

Ace 建筑师事务所（Ace Architects）

罗斯住宅

美国，加利福尼亚，奥克兰

客　　户：戴维·罗斯（David Roth）
房屋面积：3000 平方英尺 / 279 平方米
材　　料：雪松胶合板和木材，着色粉饰灰泥，镀铜墙面板

一幢引人注目的 1920 年代的木屋式平房曾经耸立在这块场地上，但在 1991 年的奥克兰山森林大火中被烧得只剩下基础。客户（他在附近的房子也被烧毁了）很早就想到了一个朝向景观的庭院式住宅的略图——这是一幅很恰当的简图。

这幢住宅被组织为三座楼房，围绕一个庭院而建，开放的一侧朝向旧金山湾。除了它们的家用目的之外，这三座楼房代表了奥克兰山地区建筑、居住和灾难的常见模式。

临街的那座楼房（粉饰灰泥，木结构，以及伸出很远的屋檐）在形式上类似于木屋风格的前辈。藏书室塔楼（包裹在涂黑的铜面板里）让人想起熏黑的整体式烟囱，这样的烟囱是大火之后的新地标。走进院子，第三座楼（有木框架构件和胶合板组成的骨骼）看上去似乎在整个建筑的下方。

为提供户外空间而设计的红石庭院与早先房子的混凝土基础相交叉。一条长长的窄水沟从庭院中心的涌泉一直延伸至旧金山湾，并倒映出海湾的景色。在那里，客户点燃的焰火可以越过平静的水面舞蹈。

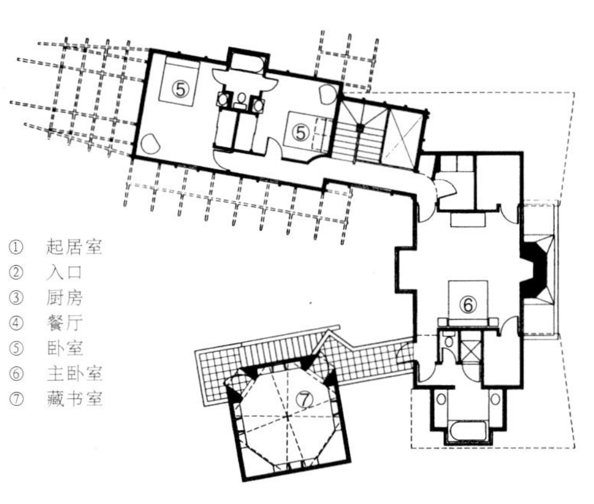

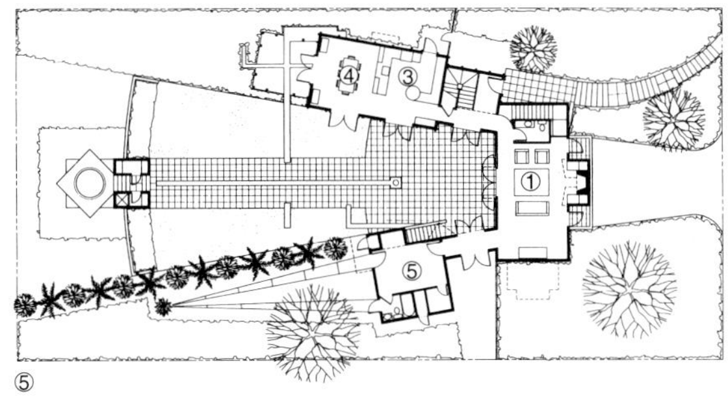

① 临街楼

② 三座楼房用雪松胶合板和木料做成，还有色调统一的粉饰灰泥和铜墙面板

③ 一座楼房用上色雪松板和交合板做成

④ 壁炉炉边是住宅临街楼的微缩版

⑤ 楼层平面图

⑥ 卧室里的壁炉用金属铜瓷砖做成

摄影：艾伦·温特劳布（Alan Weintraub）

49 建筑师事务所（Architects 49）

圆厅住宅

泰国，暖武里，尼查达他尼村

③

客　　户：雷蒙德·伊顿（Raymond Eaton）
房屋面积：12917 平方英尺 / 1200 平方米
材　　料：钢筋混凝土，彩绘灰泥砖墙（有裸露的混凝土），铝塑板墙覆层

这幢房子占据着一个住宅区的一角，这个住宅区强制推行一项政策：禁止业主围绕自己的地产修建栅栏。这样一来，创造私密的氛围（尤其是围绕游泳池区域）就成了设计这幢房子时最重要的考量之一。最终设计的显著特点是一些有能够关闭的门和窗的房间，比如起居室、餐厅和服务区域。游泳池在一个被包围起来的院子里，为的是使它的私密性最大化。

主卧室是业主使用最多的房间，被置于中心位置，能够欣赏房子的室内景观。它被抬升到游泳池的上方，为游泳者创造了一个荫凉的庇护所，同时成为一个引人注目的焦点。

一些几何形状，比如矩形、正方形和圆，被用来组成建筑构件，通过互相关联、互相渗透和创造彼此之间的对话。它们起到了使设计成为一个统一整体的作用，无论是正面，还是截面。房子外（尤其是立柱和横梁）所使用的主要材料是裸露的混凝土，反映了材料使用上的纯洁性。至于景观设计，则在关键的位置栽种了一些树木。

②

① 客起居室
② 北立面图
③ 等角投影图
④ 前入口
⑤ 客起居室
⑥ 主卧室延伸到了游泳池
⑦ 家庭活动室
⑧ 前廊

摄影：地平线工作室
(Skzline Studio)

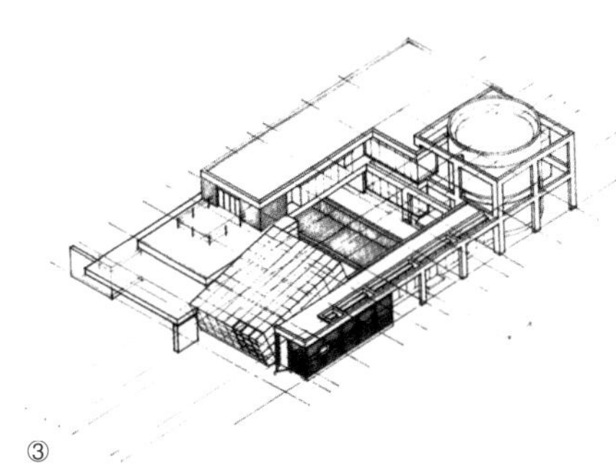

③

④

⑤

⑥

⑦

⑧

阿克西斯设计工作室（Arxis Design Studio）

罗克斯伯里住宅

美国，加利福尼亚，贝弗利山

设计团队：莱昂纳多·乌曼斯基（Leonardo Umansky）和拉米罗·迪亚兹格兰纳多斯（Ramiro Diazgranados）

房屋面积：9000平方英尺／836平方米

材　　料：平台家具，红木板条，道格拉斯冷杉门窗贴面，红木橱柜和书架，磨光花岗岩地板，盆景竹，小型滑动门

这幢房子的设计有一种现代美感，然而它有更传统的材料调色板。各个房间的分隔，是通过地板材料的改变，或者通过降低天花板的高度和不对称的拱形结构来创造一个门槛，而不是通过传统的门。例如，正式的起居室和家庭活动室就是被一个吧台分开，两侧各有一扇绕轴旋转的、8英尺宽的道格拉斯冷杉木门。当门板合上的时候，每个房间便清楚地界定了。当门板打开的时候，吧台便充当了一个操作台，把两个房间连接起来，用于大型社交聚会。同样，围绕早餐室和家庭活动室的落地玻璃墙可以滑进凹槽，模糊室内和室外的界线。

考虑到房子是一个大块的厚重物体，设计师使用了巧妙的方式把自然光带进空间里。在房子的西北角，第二层被向里推，于是便形成了一个外围天窗。就这样创造出了进光口，把光线带到房子的中心部分，不然这些地方就会一片黑暗。天窗在所有房间的使用把光线带进了空间，给空间以一种开阔而明亮的感觉，同时保持了私密性。

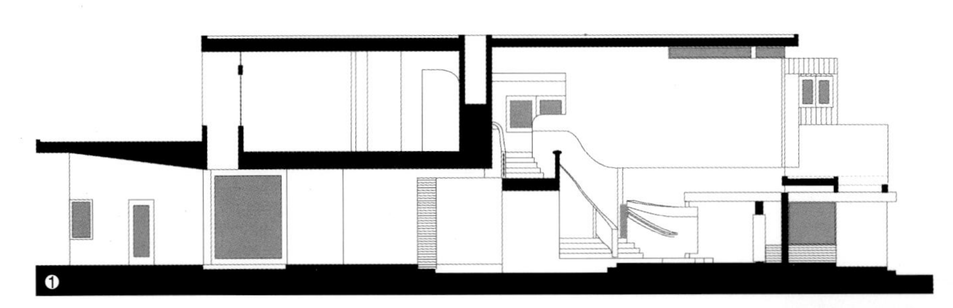

❶

❷

① 截面图
② 整个房子显示出了建筑学上定义的曲线和直线
③ 游泳池有一道内墙，把浅端和深端分开
④ 楼层平面图
⑤ 通向第二层的楼梯有弯曲的墙壁，并陈列了艺术品和雕塑
⑥ 内部和外部通过滑入凹槽的落地玻璃墙连在一起，能够看到反光的游泳池和位于中心的艺术品

摄影：玛丽亚·安东尼亚·维特里（Maria Antonia Viteri）

① 早餐室
② 男管家的储藏室
③ 家庭活动室
④ 正式餐厅
⑤ 正式起居室
⑥ 前入口
⑦ 车库
⑧ 厨房
⑨ 洗衣房
⑩ 女仆的房间
⑪ 反思室

雷·卡皮（Ray Kappe），美国建筑师协会会员

夏皮罗住宅

美国，加利福尼亚，圣莫尼卡峡谷

①

房屋面积：3900 平方英尺／362 平方米
场地面积：7000 平方英尺／650 平方米
材　　料：钢，混凝土，玻璃

这幢混凝土和钢构成的房子源于这样一个需要：由于房子顺着一个40度的斜坡向上，因此必须提供一系列混凝土拥壁。通过使用刚性钢构架，满足了最大化玻璃区域以提供视野和平台通道的愿望。现有的车库和现有房子的第一层得以保留，新建的混凝土墙与正面平行，并增加了侧院壁阶，以最大化这些现有的空间，并为入口层庭院提供私密性。

当室内空间顺着山坡逐级向上达到最大高度时，始终最小的材料调色板、混凝土地板和单色布局给它们提供了一种极简主义品质。这个上升、到达和通过不同层面的过程，因为一连串的楼梯而被序列化了。这些楼梯始于入口大门，一直向上，通到入口庭院和玻璃入口门。接下来一组楼梯到达住宅的主空间，它包括起居室、餐厅和厨房。最后，你会遇到最终的楼梯，通过入口到达主卧室，再出后玻璃门，向上到达游泳池休息室。

这幢房子最初是给一位单身汉设计的，他想让入口层的房间充当办公室和客卧室，包括一个私人庭院，他可以在那里打太极拳。主卧室、更衣室和浴室被置于第三层。结婚之后，这对夫妇如今有一个小孩，最初的办公区如今成了孩子的房间。

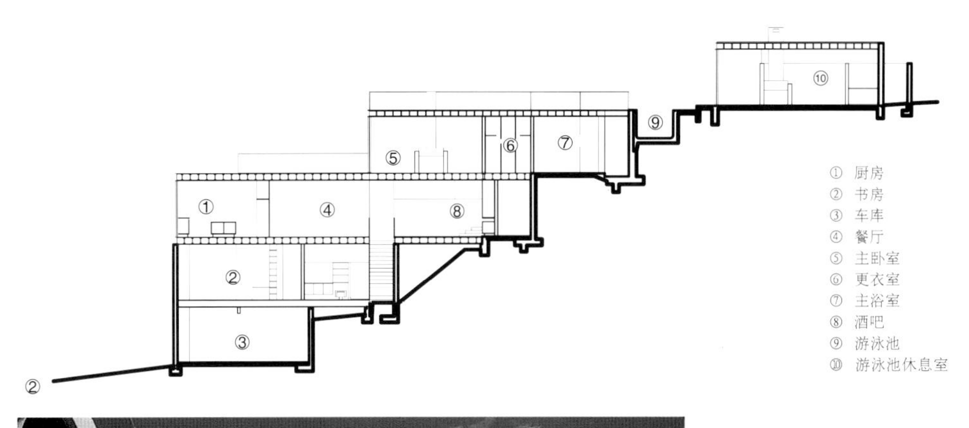

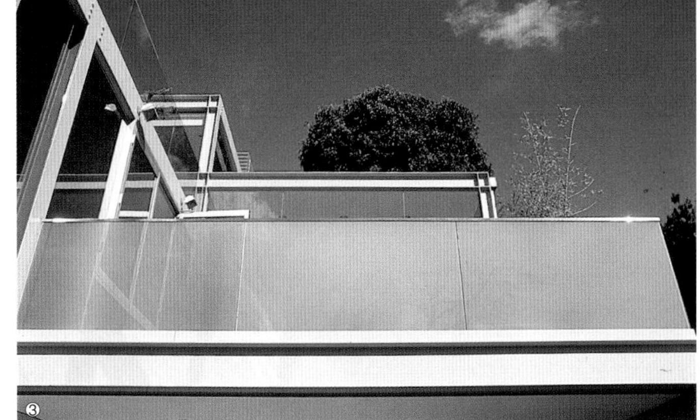

① 临街立面图
② 截面图
③ 从入口朝起居室／餐厅平台看到的景观
④ 入口大门
⑤ 通过敞开的入口大门看到的景观

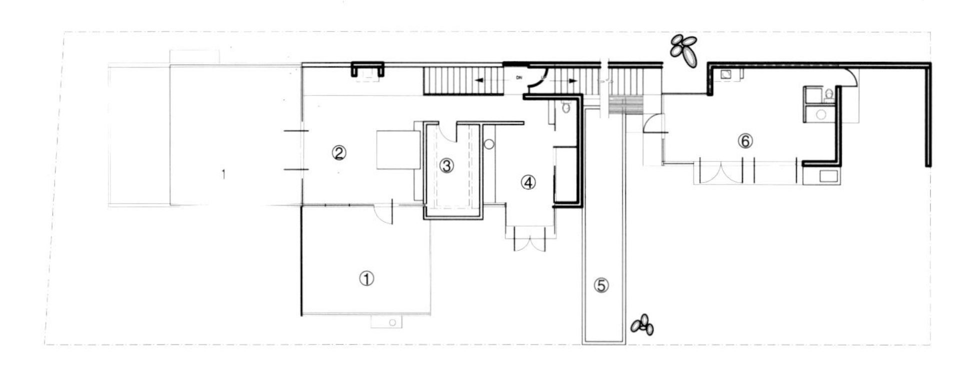

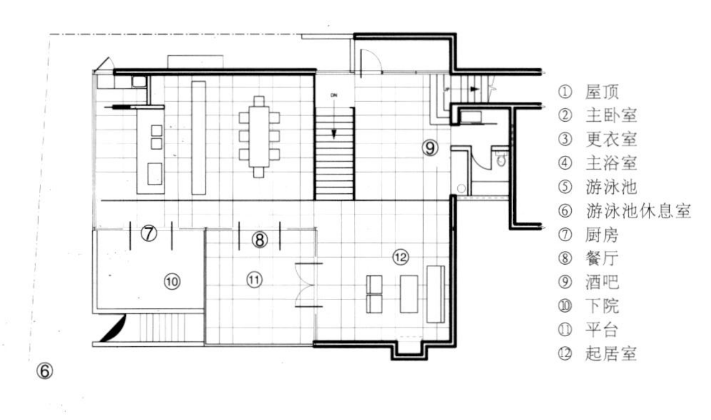

⑥

① 屋顶
② 主卧室
③ 更衣室
④ 主浴室
⑤ 游泳池
⑥ 游泳池休息室
⑦ 厨房
⑧ 餐厅
⑨ 酒吧
⑩ 下院
⑪ 平台
⑫ 起居室

⑦

⑧

⑨

⑥ 楼层平面图
⑦ 通向入口和起居室的楼梯
⑧ 主浴室
⑨ 入口庭院
⑩ 起居室

摄影：马文·兰德（Marvin Rand，1、7～10），迈克尔·韦布（Michael Weeb，3），雷·卡皮（Ray Kappe，4、5）

洛克菲勒／赫里凯克建筑师工作室
(Rockefeller/Hricak Architects)

西尔弗曼住宅

美国，加利福尼亚，洛杉矶

客　　户：塔玛拉（Tamara）和杰伊·西尔弗曼（Jay Silverman）

房屋面积：6900 平方英尺／641 平方米

场地面积：45 英亩／18 公顷

材　　料：红木壁板，外墙水泥灰泥，紫外线过滤玻璃，不锈钢栏杆和顶篷，灰泥墙，硬木，砖，地毯，石料

这幢住宅的场地位于乡野峡谷，那是一个非常独特的、历史上有名的地区，紧挨着太平洋、圣莫尼卡峡谷、太平洋帕丽萨德斯和西洛杉矶的落日河地区。

这幢房子是根据三层楼来设计的，为的是适应这处地产的水平变化，并使得所有重要的房间都能直接看到风景。

主起居层被抬升到街道的上方，考虑的是景观和私密性。一个两层高的画廊是主循环区，并把起居室、日光浴室／座席区、餐厅、厨房和储藏室与两间卧室（各有自己的私人浴室）组成的卧室区分隔开来。一个小的服务区包括化妆师、盥洗室和升降机。

位于第一层的是3个车位的车库和储藏区。剩下的部分被用于家庭娱乐。卧室起到了客人住处或女仆房间的作用。上层留作主卧室套房。一系列玻璃门通向面朝大海的宽敞阳台。

❶

① 通向画廊的入口楼梯
② 投影图
③ 峡谷上的餐厅平台
④ 从第二层看到的画廊和起居室

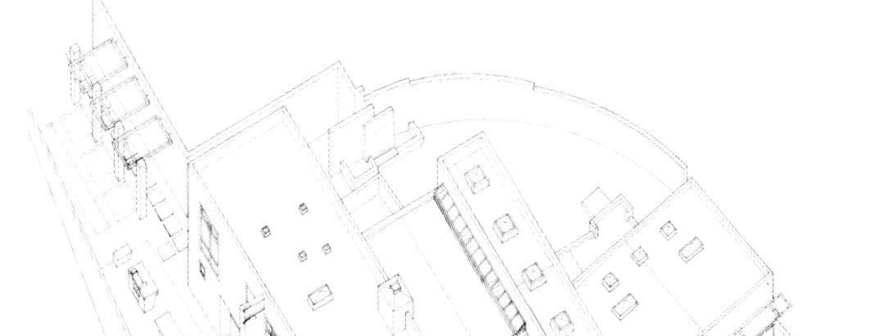

②

③

④

⑤ 起居室壁炉
⑥ 通过起居室朝画廊看到的景观
⑦ 画廊，上面是藏书室
⑧ 通向起居室的主楼梯
⑨ 主层平面图

摄影：戴维·格洛姆（David Glomb）

VINS
CAMP ROMAIN
⑥

⑦

⑧

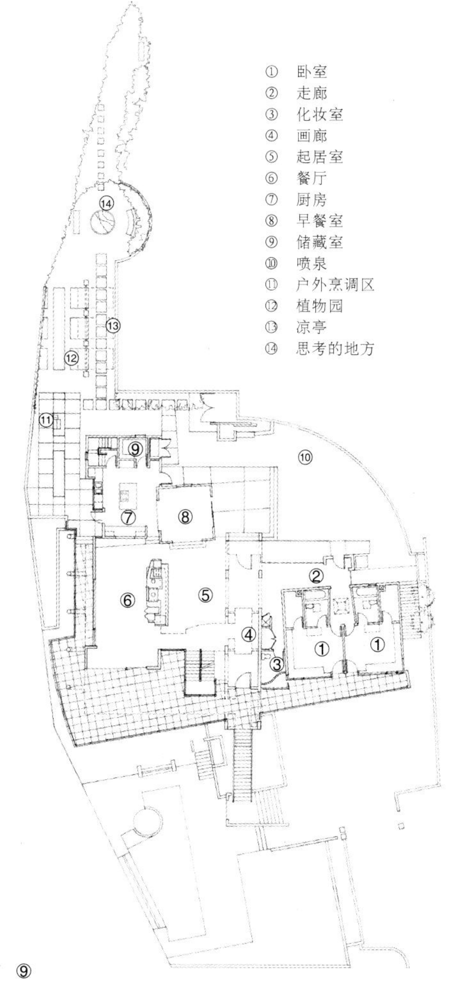
① 卧室
② 走廊
③ 化妆室
④ 画廊
⑤ 起居室
⑥ 餐厅
⑦ 厨房
⑧ 早餐室
⑨ 储藏室
⑩ 喷泉
⑪ 户外烹调区
⑫ 植物园
⑬ 凉亭
⑭ 思考的地方
⑨

格雷厄姆·菲利普斯（Graham Phillip），建筑师

斯凯伍德住宅

英国，米德尔塞克斯

1

客　　户：菲利普斯一家

这一设计纲要是一个演化过程。它起初是从一个野心勃勃的计划开始，想在一片林地的背景上创造一幢“魔幻”住宅，无论白天还是晚上都尽可能地“非物质化”。

这一设想发展到包括一片水域，作为中心主题，创造出湖畔背景的乐趣。另一些关键性的偏好是：要在达到目的地的时候隔着老远的距离就能看到房子，通过一条长长的车道接近它，并实现庭院的体验。还有，卧室要与更私密、更柔和的围墙花园相关联，并提供一个节能方案，同时实现透明度的最大化。作为客户的丈夫和妻子都很喜欢“极简主义”的美学。这里面临的挑战是要在外部和内部都实现这一点，同时要为三个孩子和各种不同的宠物提供一个完全实用的住宅。

最终结果是一次非常独特的动态体验，从入口大门开始，当你通过一系列空间——外部和内部的房间——时逐步展开。做出了不同寻常的努力，为的是使所有细节在技术上和几何上都协调起来。本身不是为了任何目的，而是为了实现一种视觉上的简单性和形式表达。

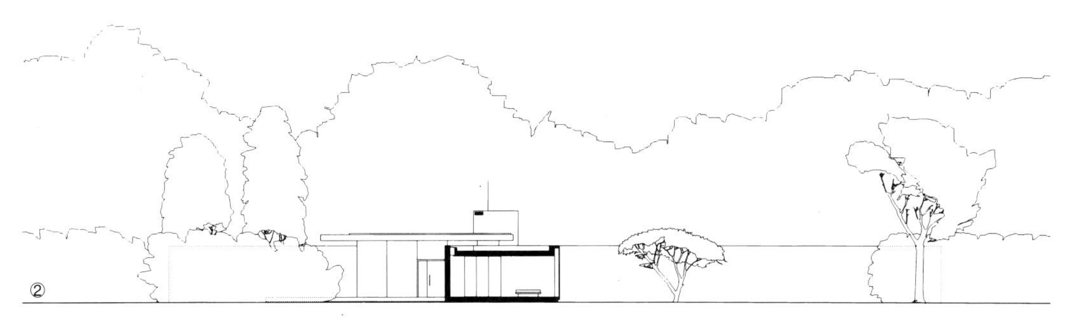

① 白天从湖对岸看到的正面景观
② 截面图
③ 停着汽车的院子
④ 后花园，有打开的百叶窗

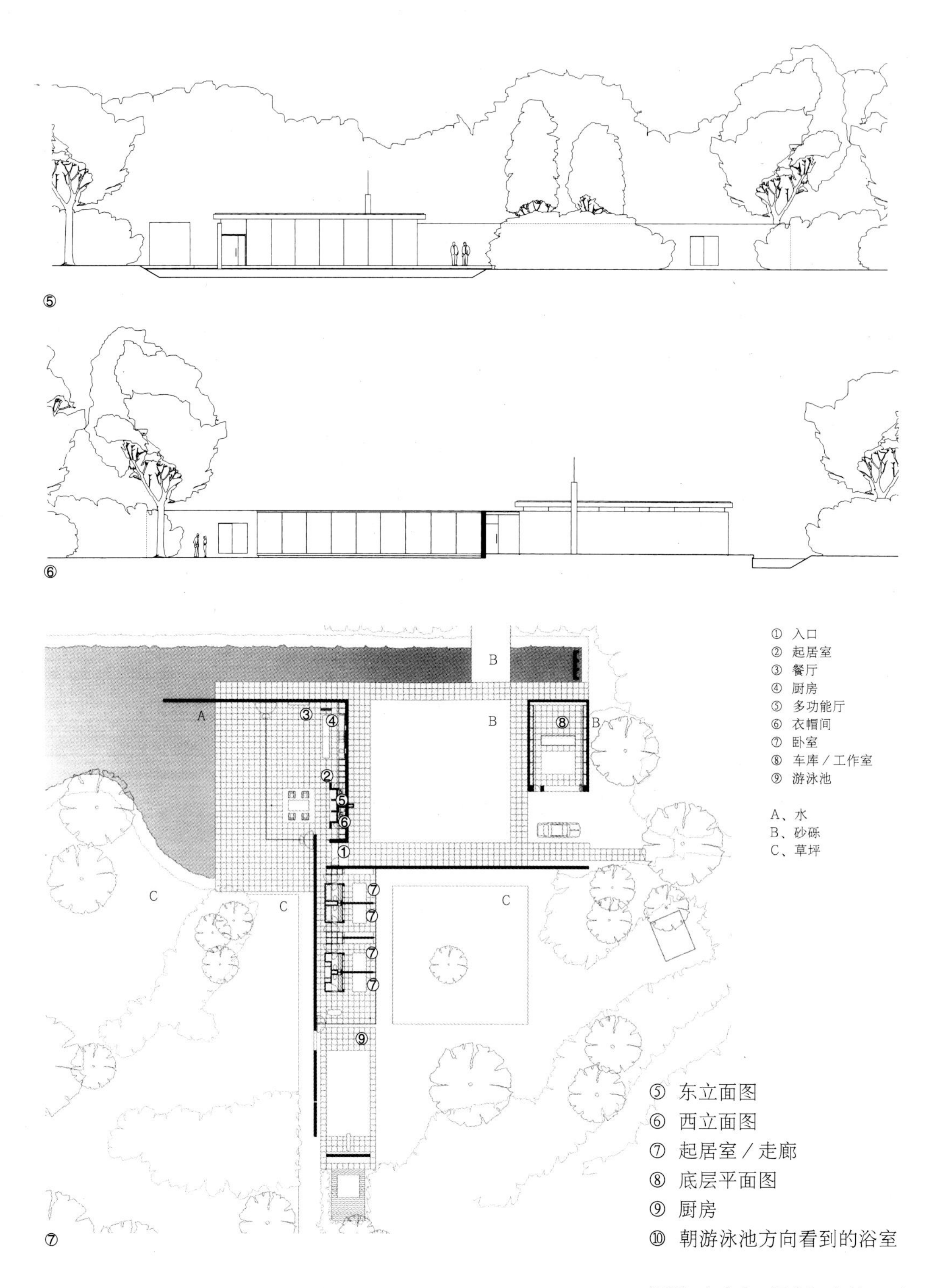

⑤ 东立面图
⑥ 西立面图
⑦ 起居室/走廊
⑧ 底层平面图
⑨ 厨房
⑩ 朝游泳池方向看到的浴室

摄影: 奈杰尔·杨(Nigel Young)

麦金托什·波利斯建筑师事务所
(McIntosh Poris Associates)

斯隆住宅

美国，密歇根，布卢明顿山

客　　户：理查德（Richard）和希拉·斯隆（Sheila Sloan）
房屋面积：9000平方英尺／836平方米
场地面积：2.5英亩／1公顷
材　　料：砖，雪松木壁板，桃花心木窗，桃花心木门，石灰岩，考顿钢，干式墙和灰泥，板岩，露台和外墙上的蓝灰砂岩，主浴室中的玻璃马赛克，起居室里的樱桃木镶板

该项目最开始是要翻修和扩建一幢1953年的房子。在考量了一系列的翻修和扩建方案之后，决定推倒老房子，在原址上建一幢新房子。这幢两层楼的住宅，其重要特征是很大的开放式起居室／餐厅，晨间起居室，早餐厅，有单独起居室的主套房，三间客卧室，有360度视野的第三层办公室／书房，放映室，健身房，以及俯瞰着长湖的两个有棚顶的门廊。

建筑师围绕它与风景之间的关系设计了这幢住宅：房子出自它所在的那座小山。它从大路上后移了，通过一条车道接近，这条车道被地里伸出的考顿钢拥壁所支撑。墙壁框住了房子的视野，以及从车道庭院和入口接近时看到的风景。你可以从入口看穿起居室，再看到屋后的长湖。在每个房间都可以看到湖和风景。

这一设计故意保持了克制和细微，始终强调户外风景的力量。户内元素，比如立柱、护壁板、门和窗，都用桃花心木来勾画。家具主要是现代的，包括包豪斯学派的古典家具，1970年代的丙烯酸家具，林璎（Maya Lin）椅，一把原版汉斯·瓦格纳（Hans Wegner）椅，一把瓦格纳的老师用140年的织物装饰的椅子，以及当代流线型与折衷主义古董的混合，还有几件麦金托什·波里斯（McIntosh Poris）设计的家具和嵌入式家具。

1

① 两层楼房按照与其风景的关系来设计，可以远眺布卢明顿山中的长湖和岛湖
② 设计中包含了玻璃窗，为的是欣赏户外风光和湖景
③ 室内元素用桃花心木勾画出来，为的是使图案变得柔和，并强调风景的力量
④ 厨房以不锈钢和铜色大理石为特征，有米纸做衬底的开窗橱柜
⑤ 卧室的方向被设计得可以透过玻璃窗门眺望户外的风景

摄影：巴尔萨扎·克拉伯（Balthazar Korab）

巴里·A.伯库斯（Barry A. Berkus），美国建筑师联合会

特纳住宅和伊坦沙住宅重建

美国，加利福尼亚，太平洋帕丽萨德斯

房屋面积：特纳住宅（新）是6523平方英尺／606平方米，伊坦沙住宅（翻修）是2315平方英尺／215平方米

场地面积：1.02英亩／0.4公顷

1940年代晚期，《艺术与建筑》（*Arts and Architecture*）杂志的出版商约翰·伊坦沙（John Entenza）委托查尔斯·伊姆斯（Charles Eames）和埃罗·沙里宁（Eero Saarinen）设计自己的住宅，作为《艺术与建筑》个案研究计划的组成部分。由此而产生的个案研究住宅9号坐落于悬崖上一片草地上，与伊姆斯自己的住宅遥遥相对，俯瞰着太平洋。在这一历史语境中，客户获得了伊坦沙的这处房产，想要给自己建一幢住宅，同时重建已经颓败的伊坦沙住宅的完整性。精心的设计使伊坦沙住宅作为独立的客房获得了新生，与一系列建筑单元所组成的新住宅相连。

伊坦沙住宅年久失修，许多年来有多处新增，覆盖着核心区域，掩盖了最初的设计表达。大量的研究使得这幢建筑的恢复成为可能。尽管最初的很多材料早已不再生产，但一些系统还是被煞费苦心地重新制造了出来，以取代一些颓败的构件，这些构件对最初的设计表达来说至关重要。

新住宅通过采纳立体派的形式，向现代性致敬，把体积分析表达为住宅的结构成分。每个立方形被色彩所编码，并经过精心的构思，不是为了从属于伊坦沙住宅，而是为了创造一个建筑庭院，使得每幢建筑能够互相增强。

1

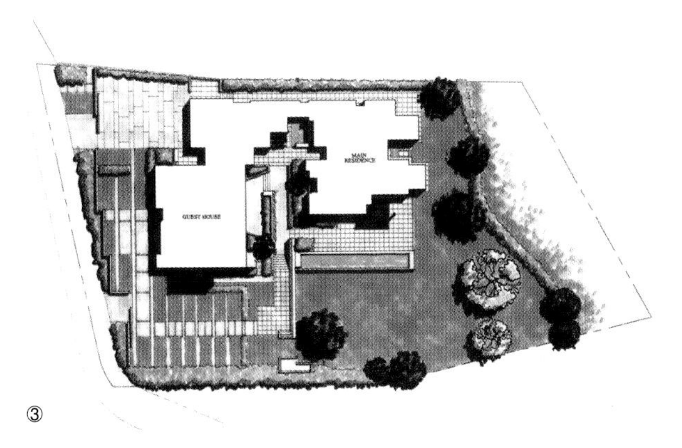

① 特纳住宅中参考了立体派的现代主义
② 新旧并置，伊姆斯的个案研究9号与新建的特纳住宅
③ 场地平面图
④ 受伊姆斯启发的色彩和几何形状成为入口的标志

⑤

⑥

⑦

⑤⑥ 障子屏风赋予特纳住宅以弹性空间
⑦ 丹娜·伯库斯（Dana Berkus）设计的内部
⑧ 世纪中叶风格的现代家具与伊姆斯的设计相一致
⑨ 第一层，特纳住宅
⑩ 第二层，特纳住宅
⑪ 朝向第三层办公室看到的景观

摄影：汤姆·邦纳(Tom Bonner)

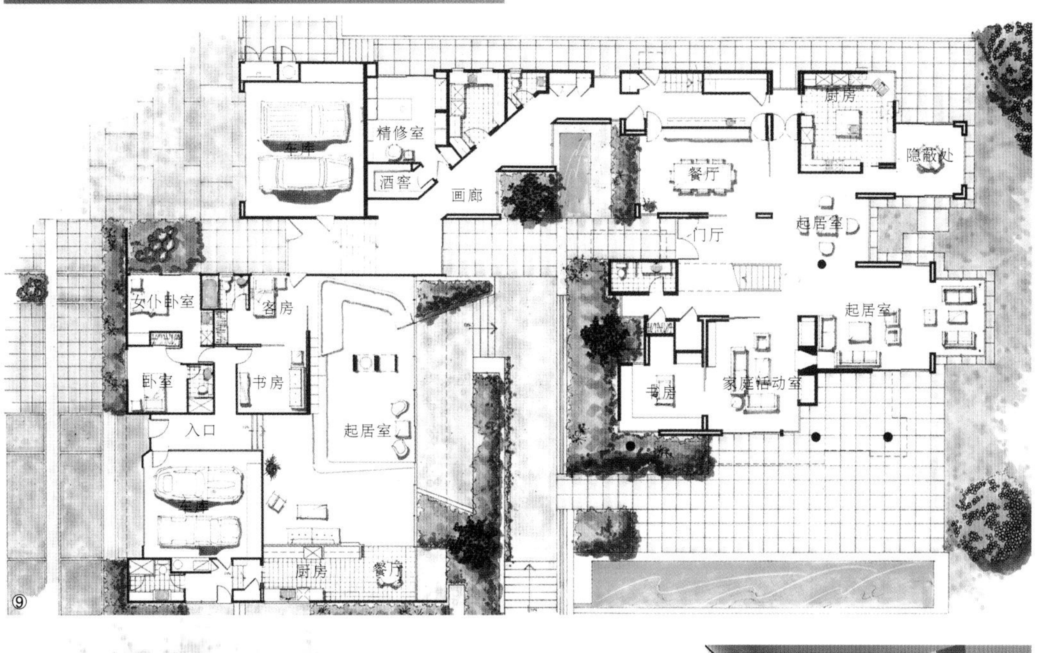

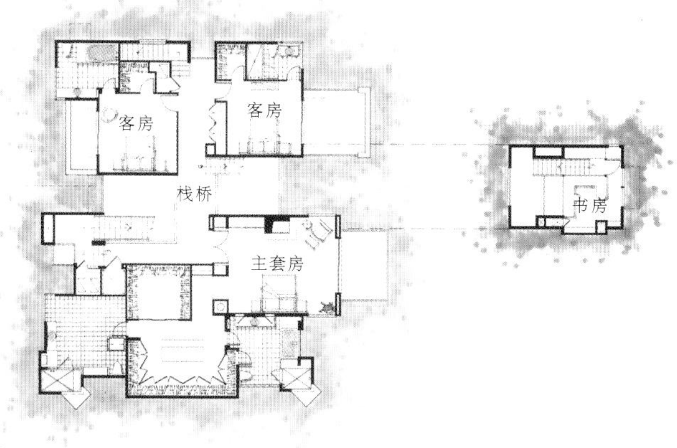

波林 · 赛温斯基 · 杰克逊（Bohlin Cywinski Jackson）

壁架屋

美国，马里兰，凯托克廷山

房屋面积：4252 平方英尺 / 395 平方米

场地面积：198 英亩 / 80 公顷

材　　料：石英石，镀锌钢，白雪松，红雪松，道格拉斯冷杉，桃花心木

这幢房子坐落于一个树木茂盛的山坡上一块高地的边缘，俯瞰着南边的一条河谷。通过使用原木、重型木料以及在1900年初期的乡村建筑中找来的石工构件，并沿着沟渠的南部边缘排列新建筑，创造出了令人浮想联翩的前部空间。

房子外部原木结构的自然风貌给人一种错觉，仿佛这幢建筑是从森林中生长出来的。手工剥皮、现场划线的白色雪松原木，因为它们的自然朽烂和抗虫特性而被选择。相比之下，建筑内部使用了精选的、结构级的道格拉斯冷杉上等木料，椽子、立柱和横梁的选择都是为了视觉品质和结构品质。

使用重型木梁柱结构使得外墙可以摆脱承重，因此在设计上非常灵活。巨大的桃花心木框架玻璃幕墙，连同红雪松镶板，增加了外部的视觉丰富性。

① 西端
② 入口
③ 截面图
④ 北入口通道

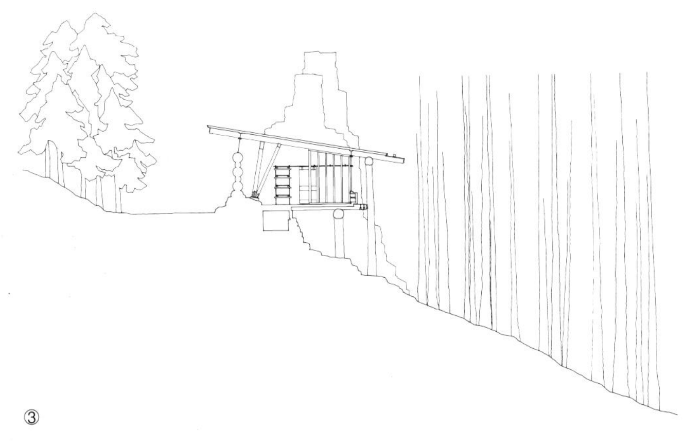

⑤

⑥

⑦

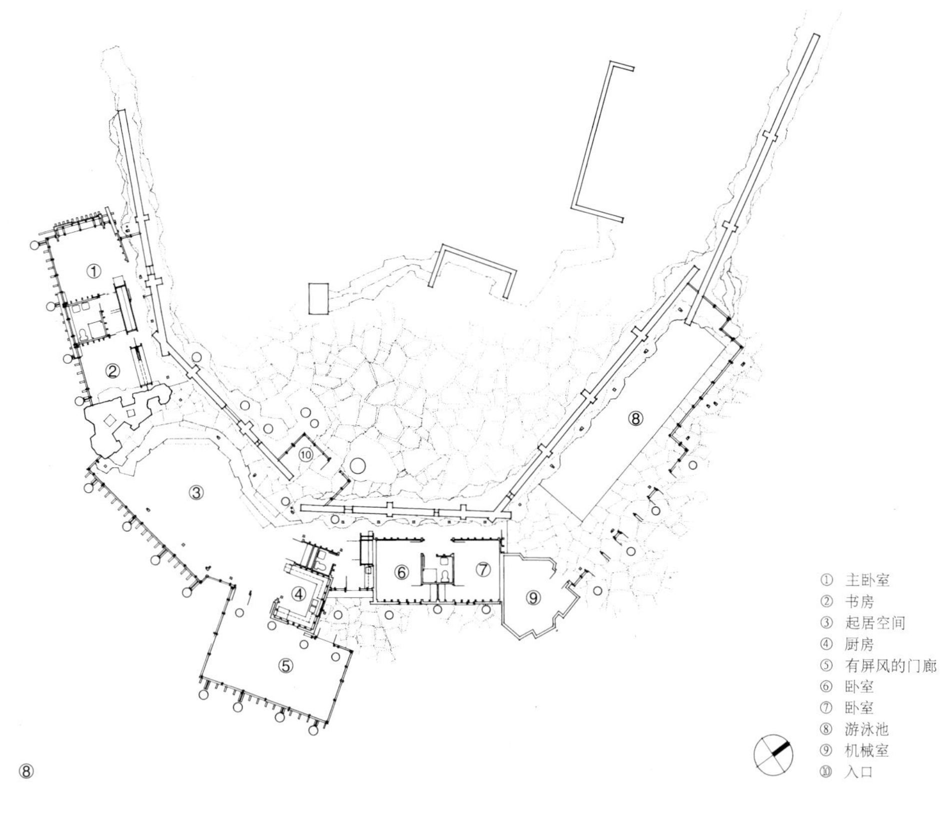

⑧

⑨

⑩

⑤ 游泳池
⑥ 厨房
⑦ 从主卧室东朝书房看到的景观
⑧ 楼层平面图
⑨ 通过起居空间的窗户墙朝外看到的景观
⑩ 起居空间

摄影: 卡尔·巴库斯(Karl Backus), 美国建筑师联合会(AIA)

李普曼建筑事务所（Lippmann Associates）

树屋

澳大利亚，悉尼，巴莫拉尔

这块场地位于悉尼北郊中港附近一个树木茂盛的保护区内，从一条碎石路陡峭地往南倾斜，与一个公园毗连。从这条碎石路进入，使得所有起居区和卧室都能够朝太阳和景观展开。房子与地形相关联，逐级向下，穿越整个场地，一共五层。

在顶层，主卧室和办公室漂浮在树梢中，高踞于地面之上，享受着私密性和畅通无阻的视野，透过茂密的草木，一直可以望到海港。入口层容纳了厨房、餐厅和日光浴室，下陷层／错层上有一间起居室。这一层还提供了一间两车位车库。两个更低的错层容纳了孩子们的卧室和游戏区。不同的楼层通过一个包裹在半透明玻璃里的开放式踏板楼梯连接起来，楼梯充当了一个枢轴。

为了使场地受到的侵扰最小化，设计出了一个钢框架系统，使得房子可以悬浮地面之上。房子围绕一个6 × 6米的结构柱网松散地组织起来。这个结构柱网建立了一系列的容器，以容纳和表达房子不同的空间和活动。整个建筑借助悬臂飘浮在边缘上，以强化一种失重感。

❶

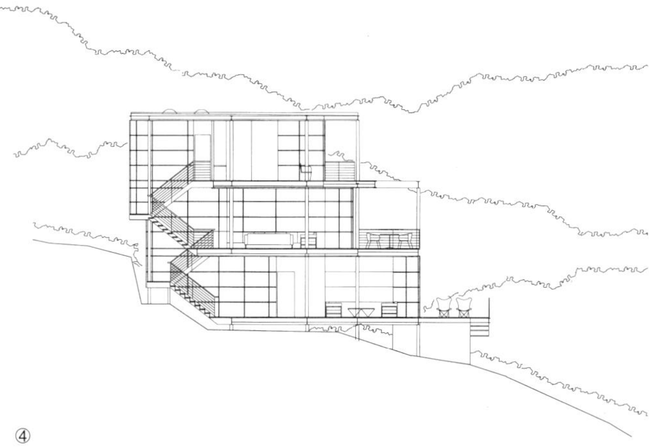

① 钢和玻璃的组合依偎在草木茂盛的地带
② 入口和散射玻璃楼梯“盒子”
③ 玻璃墙，可以直接看到灌木丛
④ 透过岩石嶙峋地形的横截面图
⑤ 木平台朝太阳成扇形展开，从起居室和卧室看到的景观
⑥ 南正面

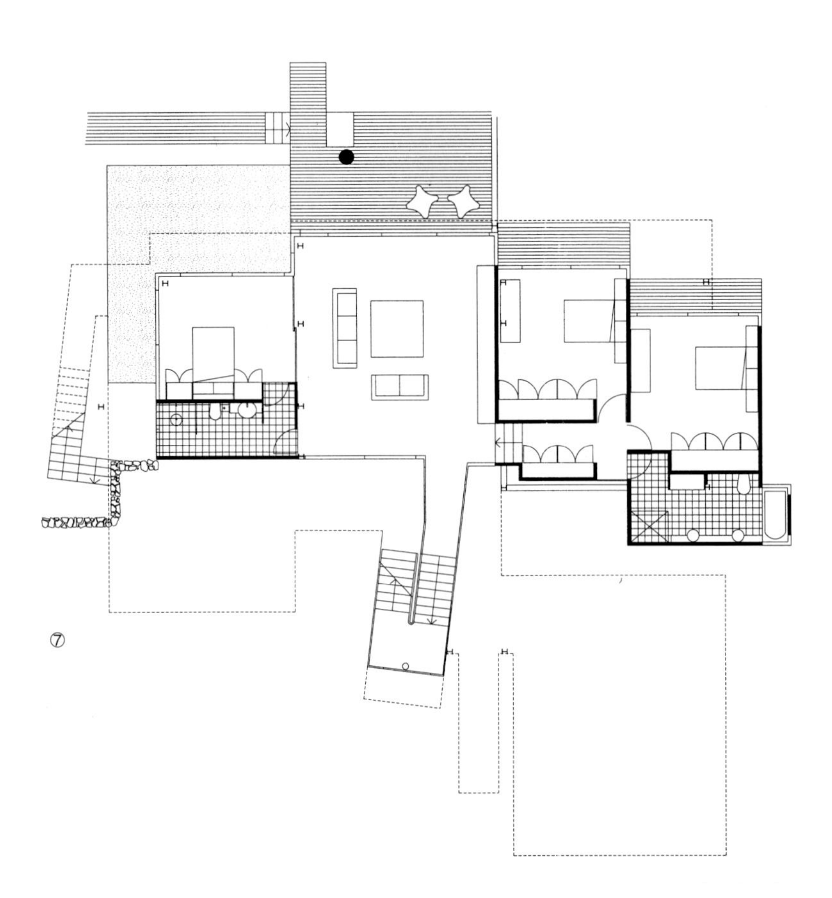

⑦

⑧

⑨

⑦ 底层平面图
⑧ 散射玻璃“盒子”中的开放式楼梯
⑨ 入口和楼梯
⑩ 起居室、餐厅和日光浴室
⑪ 厨房和家庭活动室／日光浴室

摄影：罗斯·霍尼塞特（Ross Honeysett）

纳格尔 · 哈特雷 · 丹克 · 卡根 · 麦凯建筑师和规划师事务所
(Nagle Hartray Danker Kagan McKay Architects Planners)

草泉农舍

美国，密歇根，新布法罗

①

房屋面积：4000 平方英尺 / 372 平方米

场地位于业主所经营的一个有几百英亩地的农场里。一个人工池塘给这幢朝南的房子提供了前景，茂密的树木环绕四周。

这个建筑群包括一幢两层高的三卧室主楼，一幢客房（有睡觉的阁楼与一个纱窗阳台相连），以及车库和农场办公室（与一个车道门廊 / 棚架相连）。这幢L形的房子被朝向景观一侧的遮阳屏所保护，有平台和屋顶露台把空间扩展到室外。通过第一层的斜向视野扩大了视觉空间。石砌的厨房火炉和木质的楼梯把整个构图固定住了。

一个有屏风屋顶的纱窗阳台提供了一个户外房间，位于客人住处和入口之间。所有外墙和棚架都是天然抛光的纹理清晰的雪松壁板和贴面。烟囱、排水沟和落水管是包铅铜。黑色金属被用于窗框、栏杆和支杆。室内装饰是叠片松木横梁和平台敷层，松木窗户贴面和门，槭木家具和陈设，以及桃花心木地板。

① 从池塘看到的南面落日景观
② 入口层平面图
③ 供汽车出入的门廊连接主房和车库／农场办公室
④ 西南角景观，前面是客房
⑤ 从入口车道看到的景观

②

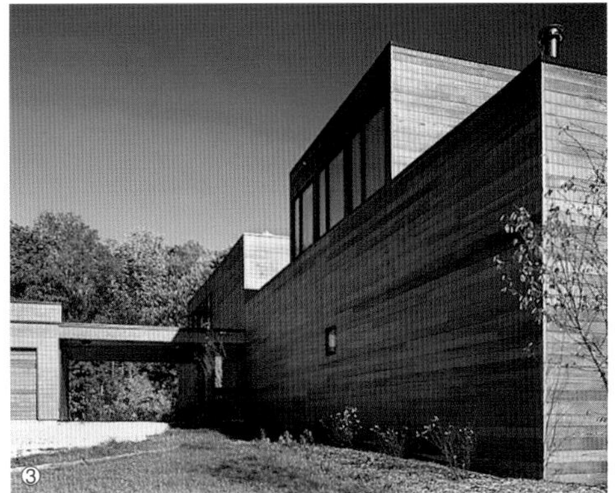
③

④

⑤

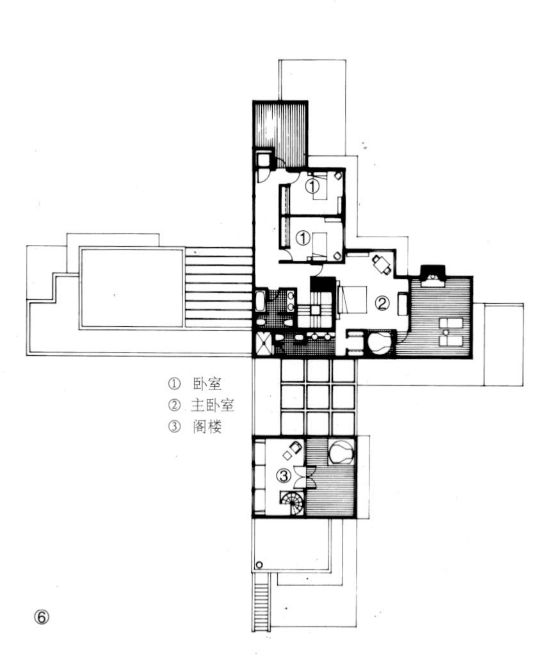
①
①
②
③
① 卧室
② 主卧室
③ 阁楼
⑥

⑦

⑧

⑥ 上层平面图
⑦ 有遮阳屏的通道
⑧ 客套房景观
⑨ 从厨房朝用餐区看到的景观
⑩ 建筑截面图
⑪ 厨房

摄影：布鲁斯·范·英韦根(Bruce Van Inwegen)

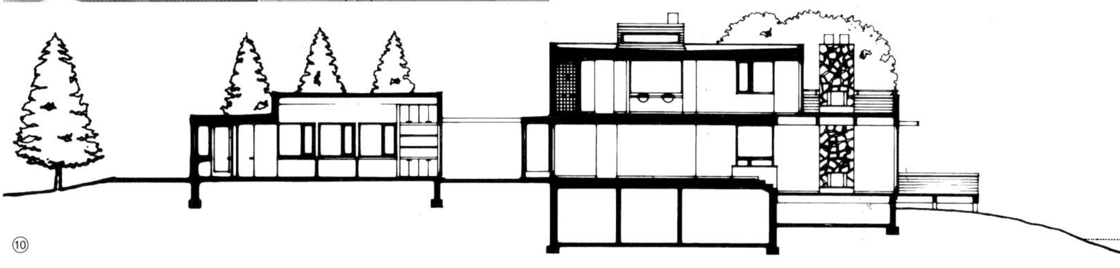

安托万·普雷多可建筑师事务所（Antoine Predock Architect）

龟溪住宅

美国，德克萨斯，达拉斯

房屋面积：11800 平方英尺 / 1096 平方米

这幢房子沿着奥斯丁石灰岩层上的一条史前小径修建，是为一些狂热的鸟类观察者设计的。在那里，林地、草原和溪流层层叠叠。前景中设计了固定的石灰岩壁架，为的是暗示地质风貌和古老的记忆。这些壁架上还生长了一些本地的植物，吸引鸟类到这一区域栖息。

场地位于东、西鸟类栖息地的交汇处，并沿着南、北候鸟迁徙路线延伸，是十分有利的观察点，还可以置身于不断变化的壮丽景观中。当房子从它的地面基准线伸出的时候，它就通向并探索了不同层面的鸟类栖息处：水边，楼层之下，树冠，以及天空。那个被打造为入口门厅的中心豁口，是通向各个有利观察点和南北两翼的出发点。

南翼是社交聚会和个人隐退静居的领域。北翼则是另一块领地，日常生活，以及正式聚会在那里进行。这幢住宅的第三个区域，即屋顶空间，与天空紧密结合在一起。这里有步行道位于房子的上方，沿着露出地面的岩层顶部延伸。从这里，可以研究鸟的习性，俯瞰正在到来的宾客，以及达拉斯城的天际轮廓线。走近矮墙，一个私密的屋顶区域便显露出来，它向内聚焦，同时也为向外观察提供了掩蔽遮盖。位于中央的钢质“天梯”从入口伸出，伸进树冠中，一直伸到远处的天空。

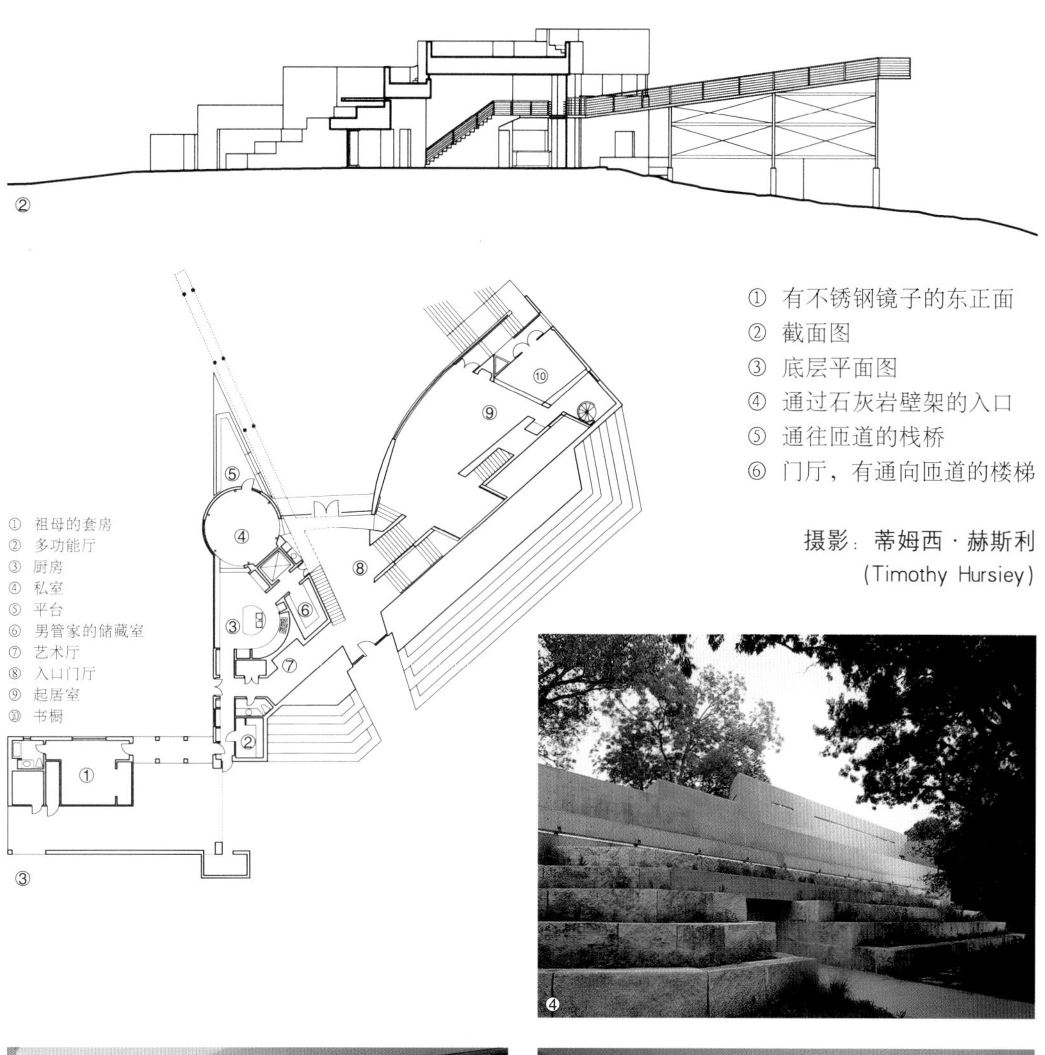

① 有不锈钢镜子的东正面
② 截面图
③ 底层平面图
④ 通过石灰岩壁架的入口
⑤ 通往匝道的栈桥
⑥ 门厅，有通向匝道的楼梯

摄影：蒂姆西·赫斯利
(Timothy Hursiey)

里克·乔伊建筑师事务所（Rick Joy Architects）

泰勒住宅

美国，亚利桑那，塔培克

客　户：沃伦（Warren）和罗斯·泰勒（Rose Tyler）
材　料：混凝土，木料，钢，灰泥，半透明玻璃，槭木

之所以选择这块场地，是因为它饱览全景的南面朝向，傲然独立的崇山峻岭，以及浩瀚无涯的沙漠风景。建筑场地以大约10%的坡度向南倾斜，被灌木丛、本地的牧豆树和低矮的野草所覆盖。

客户要求建一幢有一间卧室的主房，再加上一幢有车库、工作间和两间卧室的客房。一个大的直线庭院被两个简单朝向主要景观的棚屋形状所定义。庭院为极其开阔的背景提供了一种调剂，同时，两幢建筑框住了一片经过裁剪的视野，从那里可以看到图马卡卡奥里山的山峰——那是客户最喜爱的风景。

来访者从房子上方经由一条砾石路到达，迎候他的只有主卧室、工作间和办公室地上部分装有玻璃的末端，它们在夜里看上去就像是悬浮在地面上的抽象发光体。

接下来，客人经由一条楔入两道拥壁之间的楼梯下到庭院里。这个庭院在入口体验中扮演了一个重要角色，那里有浓荫密布的大树和水的要素。植物布局和庭院的细节表明了非常精致的人工特征。在经过精心选择、但看上去很随意的位置上，凸起的钢盒子形状穿透了整个建筑，框住了具体的景观。一个负沿游泳池坐落于庭院的西端，使体验集中于远处的景观。

①

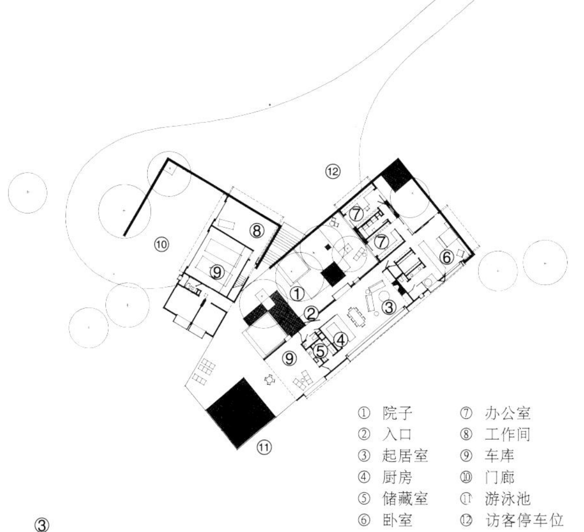

① 主起居空间和通向负沿游泳池的院子，可以看到远处的山景

② 三个悬浮和发光的结构形成了信号通道

③ 楼层平面图

④ 氧化板钢盒强调了东南正面，充当了窗户和遮阳罩

⑤ 院子充当了人工绿洲，在那里，一个人可以领略鼠尾草的气息和滴水的温柔声音

④

⑥ 穿过卧室的材料把外面的带进来，把里面的带出去
⑦ 穿过房子的走廊有一个连续的、不被打扰的景观
⑧ 10平方英尺的用餐区窗户把主起居空间与院子连在一起
⑨ 截面图
⑩ 沿着35英尺长的起居空间窗户看到的景观，让人能瞥见外面的自然环境

摄影：比尔 · 蒂默曼
(Bill Timmerman)

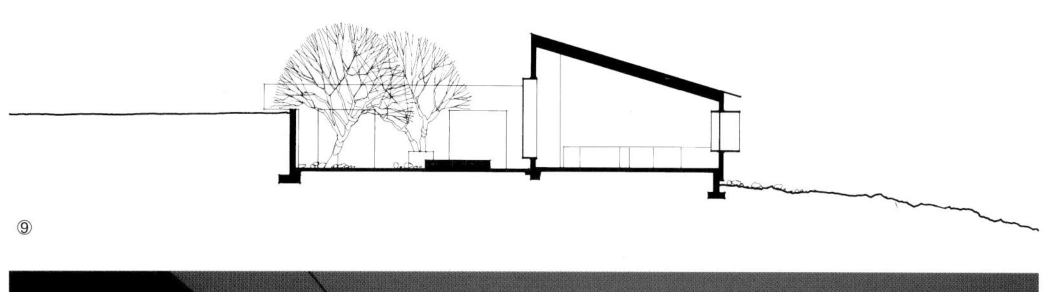

⑨

⑩

舒宾＋唐纳森建筑师事务所（Shubin ＋ Donaldson Architects）

城市住宅

美国，加利福尼亚，拉古纳海滩

房屋面积：4000平方英尺／372平方米
场地面积：5970平方英尺／555平方米
材　　料：卡尔沃尔天窗，金属屋顶，哈迪博德壁板，灰泥，瓷砖，槭树硬木地板，玻璃，花岗岩工作台面，马赛克玻璃砖，桦木橱柜，道格拉斯冷杉木料

这幢新房子是从1993年拉古纳海滩大火的灰烬中建起来的。利用重建的机会，客户要求在一片陡峭的山坡地上建一幢引人注目的房子，可以俯瞰翡翠湾和太平洋。利用能够看到大海和海岸的270度视角，建筑团队创造了这样一幢住宅：它用轻松休闲的海滩生活满足了对比鲜明的对形式上奢华的需要。

房子建在一个陡峭向下的小斜坡上，场地所提供的机会和限制推动了设计。为了最大化地利用这块狭小的地基，房子被建在一个角上，围绕耸立在房子中间的一道墙来组织。这堵墙把房子分为公用起居区和私人起居区，并留出了一个拱顶天花板，把整个上层公共区域组织为铜屋顶下一个很大的空间。

建筑师所面临的挑战是，要在入口层设计主起居区、厨房和主卧室，而且下面有三间卧室。业主关注的是，不能让人感觉得底层像在地下。通过大小不同的窗户，建筑师实现了电影角度的视野，房子的所有房间都可以看到翡翠湾，然后又设计了一个循环区，沿着后拥壁流动，就这样几乎完全消除了地下的感觉。

① 房子被设计得几乎从每个房间都可以眺望海景
② 住宅的截面图说明了房间的布局
③ 厨房设计得可以利用海景和海岸景观
④ 起居区的角度设计得能眺望海湾景观，并使得凉风能够进入
⑤ 自然光从天窗和窗户进入，照亮了整个大厅，以及楼梯井和起居区

摄影：法西德·阿萨辛和彼得·马林诺夫斯基（Peter Malinowski and Peter Malinowski）

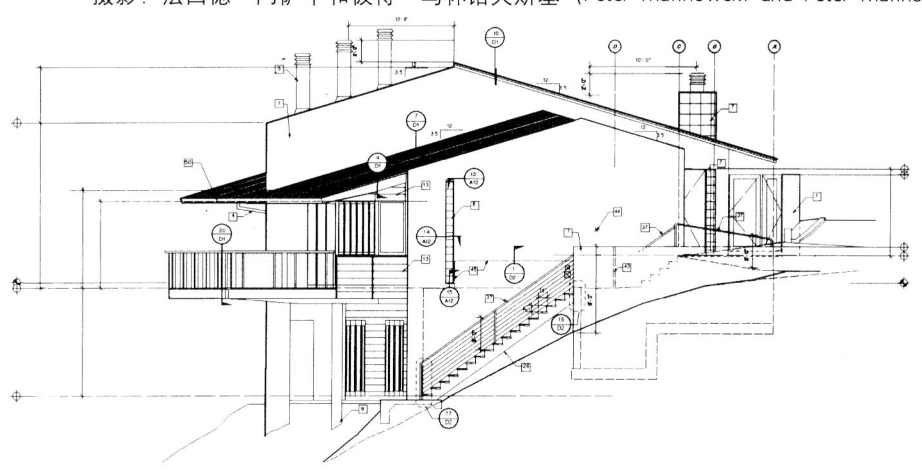

②

③

④

⑤

米莱蒂蒂基－亚历山德罗·汤姆巴齐斯建筑事务所
(Meletitiki—Alexandros Tombazis and Associates)

斯派赛斯岛的度假别墅

希腊，斯派赛斯岛

①

房屋面积：2260 平方英尺／210 平方米
场地面积：44671 平方英尺／4150 平方米
材　　料：钢筋混凝土，砖，木料，水泥砖，大理石，鹅卵石，金属

斯派赛斯岛是一个覆盖着松树的小岛，位于阿尔戈利斯海湾的入口，距离伯罗奔尼撒海岸15英里（24公里）。这幢房子位于东南海岸线上，被4150平方米(44671平方英尺）的土地所环绕。这块地稍稍向南倾斜，一直延伸到大海。这处地产的入口是从西北方向，经由一条鹅卵石小路，通到内院的木门。过了这扇门，既可以走近房子，也可以向上走到露台。经过了院子和拱廊那半盖半敞的空间，南院、游泳池和大海的景观便逐渐显露了出来。

住宅由三个矩形单元组成。两个主单元（一个单元有两层和一个瓷砖房间，另一个单元只有一层）在直角上展开，定义了主要的、朝向东南的、带有游泳池的开放式露台。两幢建筑在底层通过一个半盖半敞的过道／拱廊连在一起，在屋顶上创造了一个露台，所有方向上的视野一览无余。第三个单元是一个小亭阁，用作“露天”餐厅。

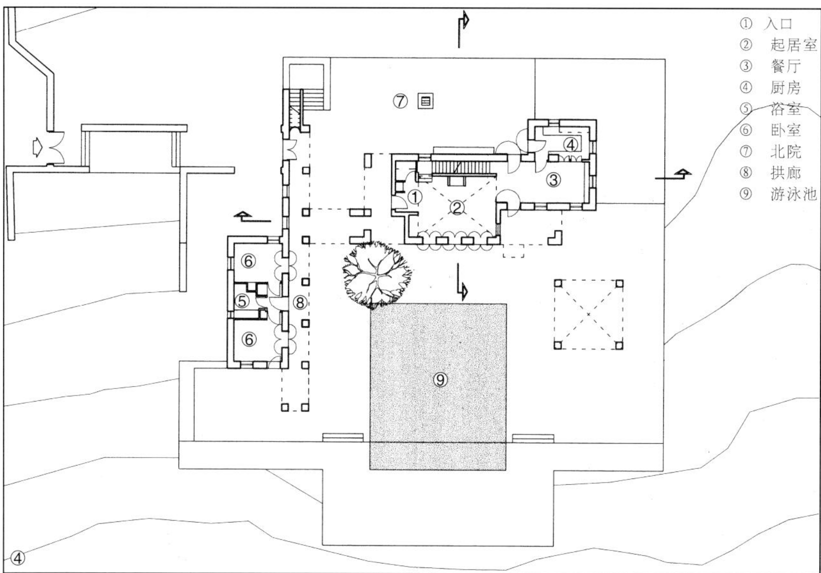

① 南正面夜景
② 小凉亭景观
③ 从游泳池平台看到的西北面景观
④ 底层平面图
⑤ 小凉亭侧景
⑥ 朝大海的方向看到的游泳池夜景

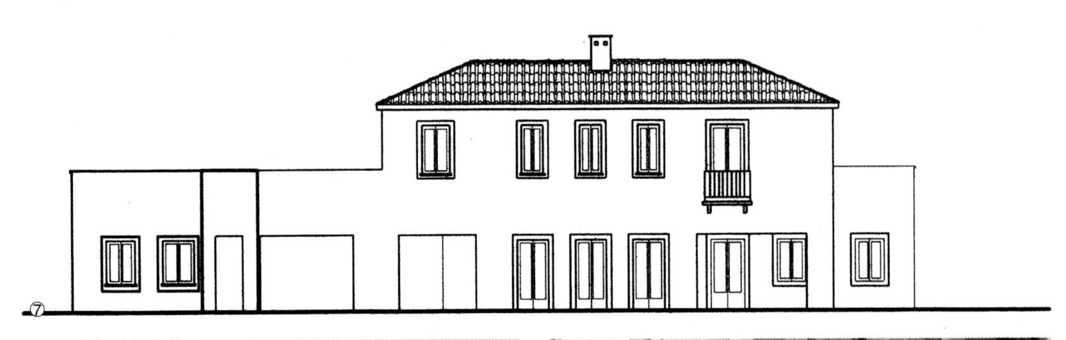

⑦ 南立面图
⑧ 从露台看到的景观
⑨ 厨房
⑩ 孩子的卧室
⑪ 纵向截面图
⑫ 横向截面图
⑬ 起居室空隙上方的栈桥，有楼梯通向第一层
⑭ 起居室

摄影：N. 丹尼尔雷迪斯（N. Danielides）

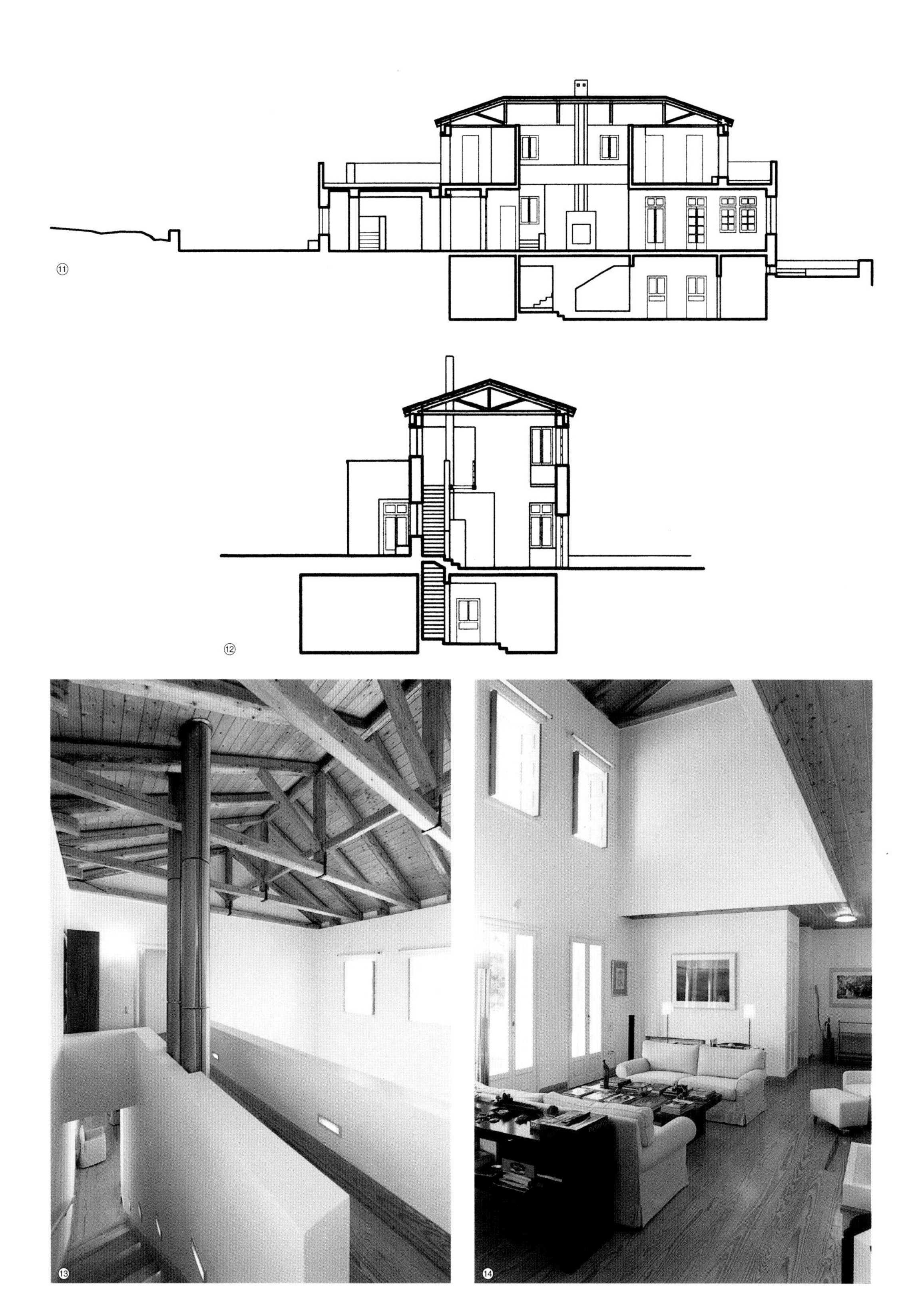
⑪
⑫
⑬
⑭

鲁迪·里齐奥蒂建筑师事务所
(Rudy Ricciotti Architecte)

戈夫别墅

法国，马赛

❶

房屋面积：2368 平方英尺 / 220 平方米

场地面积：8288 平方英尺 / 770 平方米

本设计的目标是要把一批当代艺术品的个人收藏与别墅的概念整合起来。这幢住宅建在一座小山上，在那里，分区制规章所允许的建筑高度提供了开阔的视野，使得你可以从树冠的上方看到地中海。

房间坐落于这幢别墅所有适宜居住的部分，利用了柚木露台，其最显著的特征是一个地面游泳池。画廊提供了一个有荧光灯的展示空间，这些荧光灯被整合在混凝土和磨光石英地板中。

用伪装网制成的外部纱帘过滤了光线，并保护了主正面免遭太阳直射。

① 窥阴效果的正面
② 有迷彩帘正面的外游泳池
③ 平面图
④ 厨房
⑤ 起居室

摄影：克里斯蒂安·米歇尔（Christian Michel）

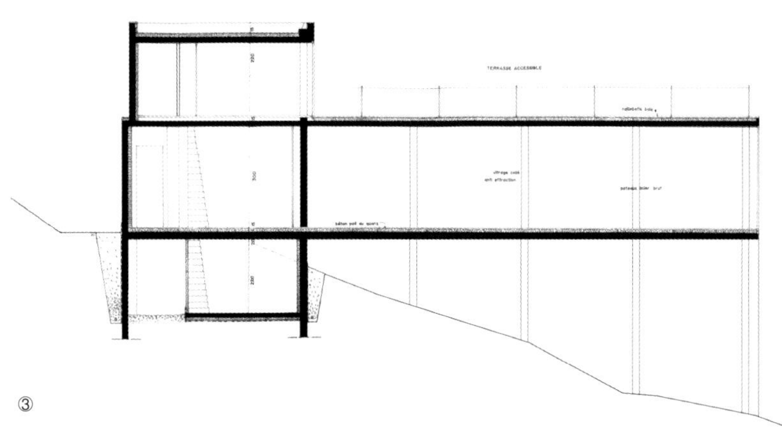

③

贝杜·德·布劳威尔建筑事务所
(Bedaux de Brouwer Architecten)

高斯别墅

荷兰，高斯

房屋面积：6964 平方英尺 / 647 平方米

场地面积：43056 平方英尺 / 4000 平方米

这幢别墅位于高斯湖畔。那是一个人工湖，在荷兰的高斯市与威廉敏娜多普村之间的圩田中。

需求方案在底层规定了相对较多的功能：起居室、厨房、入口和车库，还有两间带浴室的卧室。上层的规划则比较适度：两间卧室、浴室和一间有壁炉的台球室。

别墅紧挨着这块地最北的边缘。这一方面提供了直接的视野，可以看到这片开阔的场地；另一方面，它最大化了南花园的规模，以及到那些“农舍式”住宅之间的距离。

建筑规划包括两个独立的单元，各有自己的高度，自己的结构，以及自己的材料。

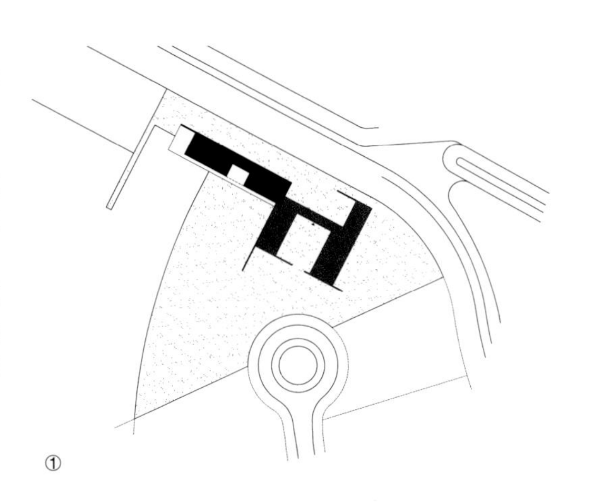

①

②

① 场地平面图
② 南正面
③ 西正面
④ 从餐厅看到的景观
⑤ 餐厅

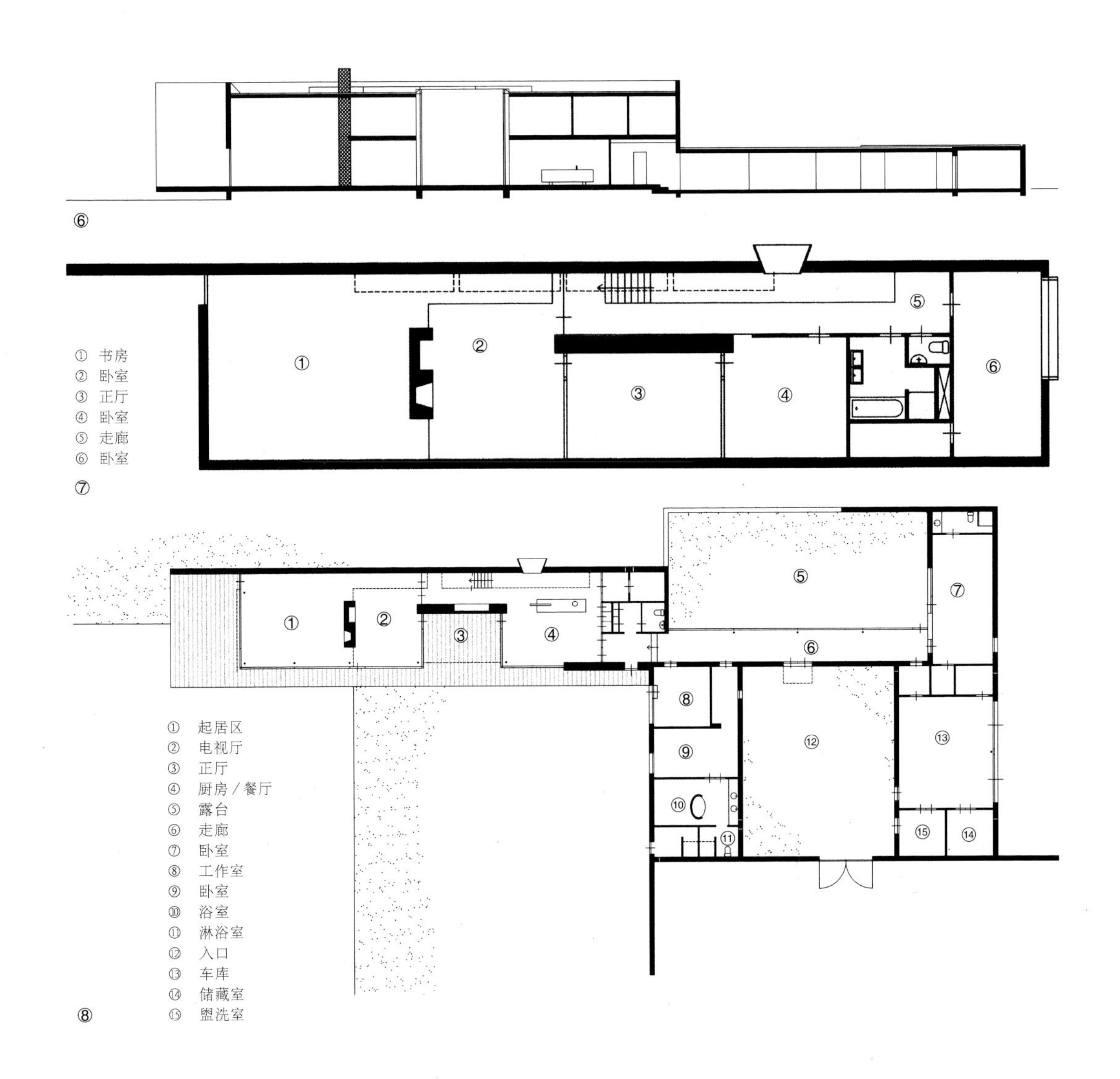

⑥ 纵向截面图
⑦ 第一层平面图
⑧ 底层平面图
⑨ 从正厅看到的景观

摄影：提奥 · 克里格斯曼（Teo Krijgsman）

罗伯特·亚当建筑师事务所（Robert Adam Architects）

韦克厄姆住宅

英国，西苏塞克斯，罗盖特

客　　户：哈罗德·卡特（Harold Carter）
房屋面积：2745 平方英尺 / 255 平方米
房屋面积：1.2 英亩 / 0.5 公顷
材　　料：底灰和石砌外墙，高隔热木框架，天然石板瓦屋顶，石地板

这幢房子是为了纪念太阳能研究的先驱布伦达·卡特（Brenda Carter）而修建的，这块地基上是她原先的家，1968 年被烧毁了。布伦达·卡特曾经与太阳能专家雷·毛（Ray Maw）一起工作，后来又与罗伯特·亚当（Robert Adam）一起准备一份新设计，把古典建筑与被动式太阳能利用的最新发展相结合。在她 1993 年去世之后，她的儿子哈罗德·卡特继续致力于这个项目。

在房子的中心，一个双层高的空间被太阳光直接加热，一套自然通风系统吸入暖空气，并把它分配到整个建筑。南立面 60% 的墙面装了三层玻璃，阴暗的北面玻璃很少。一个门廊创造了很深的凹壁，在夏天给房间遮挡阳光，但可以从冬天低矮的太阳那里获得热量。墙壁有高隔热木框架，覆以抹了底灰的砖，带有天然砂岩的细节。屋顶铺设了天然石板。

① 朝南正面
② 双层高大厅和起居室
③ 三维剖面图
④ 入口正面
⑤ 上层大厅画廊

摄影：卡洛斯·多明格斯（Carlos Dominguez）

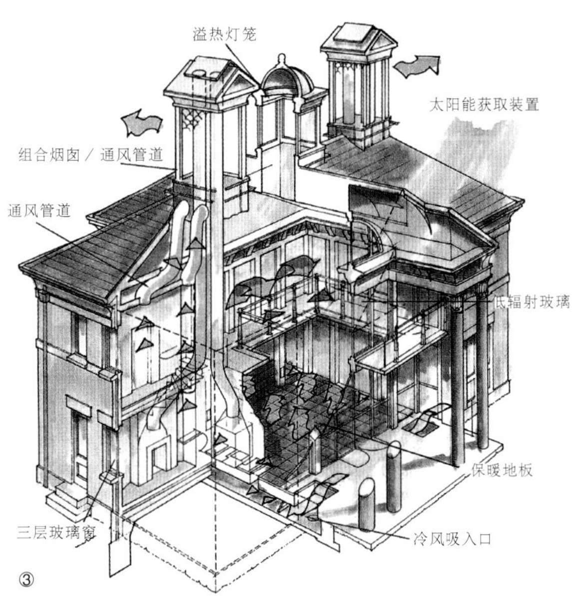

贝尔兹伯格建筑师事务所（Belzberg Architects）

韦斯伯格住宅

美国，加利福尼亚，贝弗利山

①

客　　户：马克斯（Max）和黛安·韦斯伯格（Diane Weissberg）
房屋面积：3391 平方英尺 / 315 平方米
材　　料：钢框架，木料，钢，抹光灰泥，金属屋顶，玻璃

这个独户住宅被分为两个组成部分。一个部分包括机械室、储藏室、食品配制室、餐厅、办公室和客房。另一个部分专门用作客人睡觉和洗浴的区域。两个部分的碰撞创造了第三个区域，这个间隙空间被用作正式的起居区，它的核心有传统上的壁炉。截面部分成了一种整合手段，为了一些描述性的事件，而分开和连接那些至关重要的形式空间。

在一个沉湎于传统风格的地区，这幢独户住宅引入了现代语汇，既质疑了环绕它的不同语境，也从中学到了一些东西。

① 正面入口
② 场地平面图
③ 东立面图
④ 北立面图

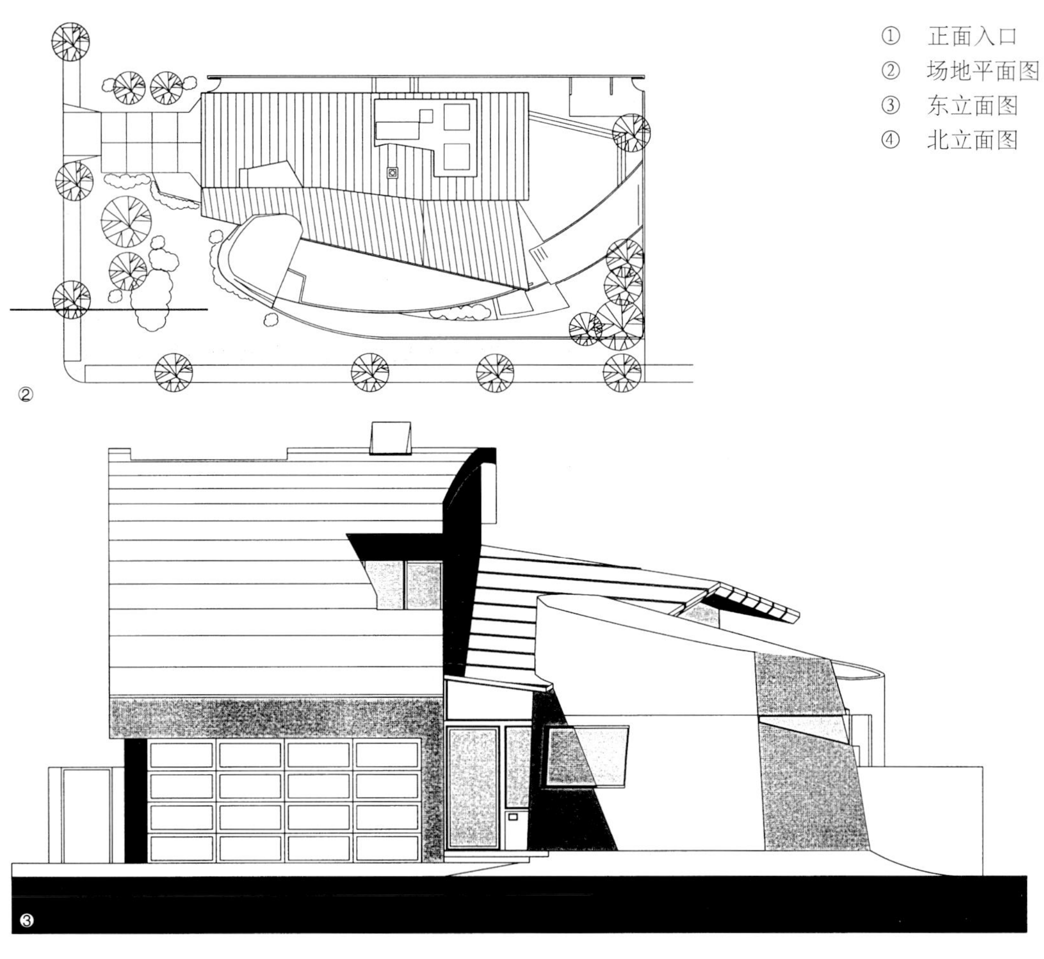

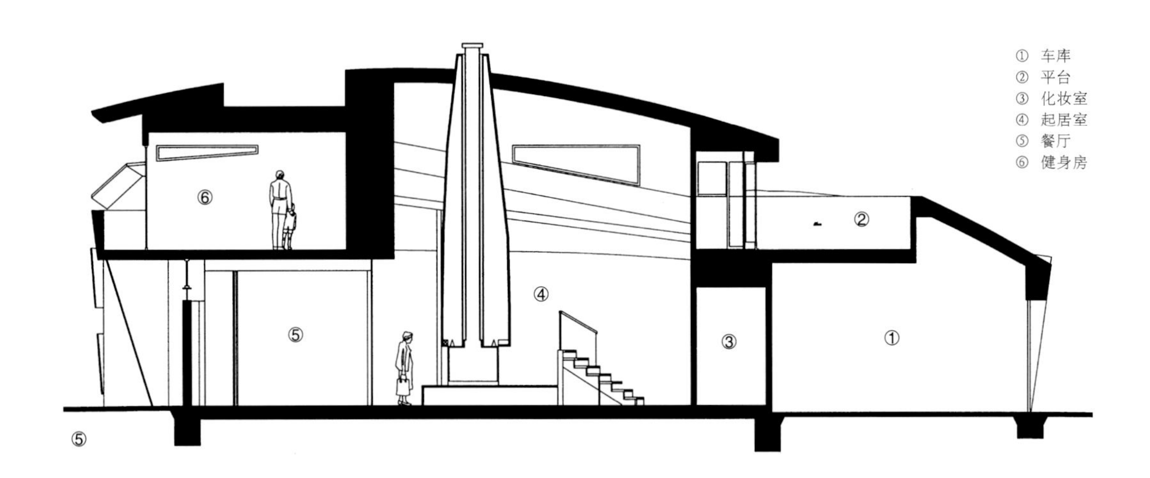
① 车库
② 平台
③ 化妆室
④ 起居室
⑤ 餐厅
⑥ 健身房

⑤

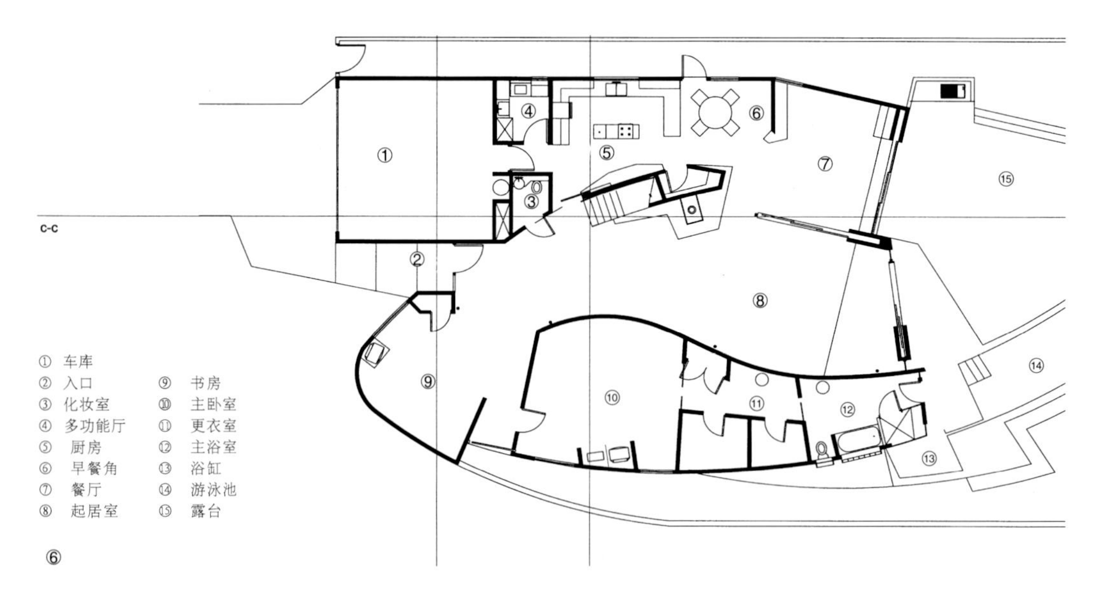
C-C
① 车库
② 入口
③ 化妆室
④ 多功能厅
⑤ 厨房
⑥ 早餐角
⑦ 餐厅
⑧ 起居室
⑨ 书房
⑩ 主卧室
⑪ 更衣室
⑫ 主浴室
⑬ 浴缸
⑭ 游泳池
⑮ 露台

⑥

⑦

⑧

⑤ 截面图
⑥ 第一层平面图
⑦ 书房
⑧ 起居室北面
⑨ 起居室西面

摄影：格雷艺术工作室（Art Gray，1），
蒂姆·斯特里特－波特（Tim Street-Porter 4、7～9）

查尔斯·罗斯建筑师事务所（Charles Rose Architects Inc）

西22街住宅

美国，纽约，切尔西

房屋面积：6500平方英尺／604平方米
场地面积：5000平方英尺／464平方米
材　　料：粉饰灰泥，彩绘钢，木窗，包铅铜，桃花心木平台，灰泥墙，槭木制品，落叶松木地板，道格拉斯冷杉天花板

这个最近完成的项目坐落于纽约城新画廊区的核心地带切尔西，它围绕一个十分独特的城市花园创造了一个画廊空间和住宅。项目包括街道层上的一间零售展览室，第二层上的一个较小的出租套房，以及占据着顶楼的第三层居住空间。

这幢住宅紧紧围绕着一个中心花园，在形式上是雕塑的，然而足够透明到可以把自然光和风景元素吸收进统一的设计中。草坪、豆石小路、花坛、花盆和棚架在城市的背景中提供了天然的庇护所。内部空间围绕一些开放的区域排列，这些开放区域提供了丰富的花园景观。

当这幢住宅在空间上展开的时候，从不同的有利观察点上看到的花园景观创造了层次丰富的空间，使室内的和室外的、城市的和自然的、雕塑的和有机的缠绕在一起。

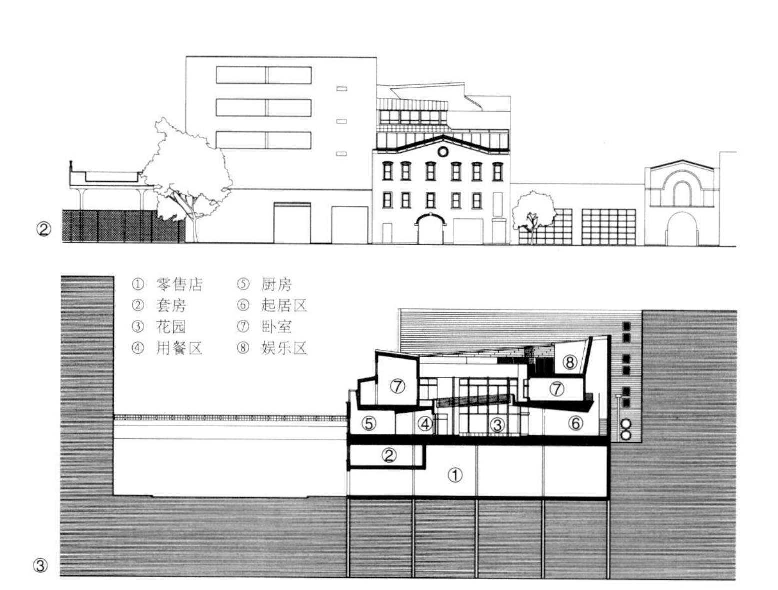

① 中院景观
② 立面图
③ 截面图
④ 双层画廊立面图
⑤ 上露台向北看到的景观
⑥ 从画廊朝孩子的卧室看到的景观

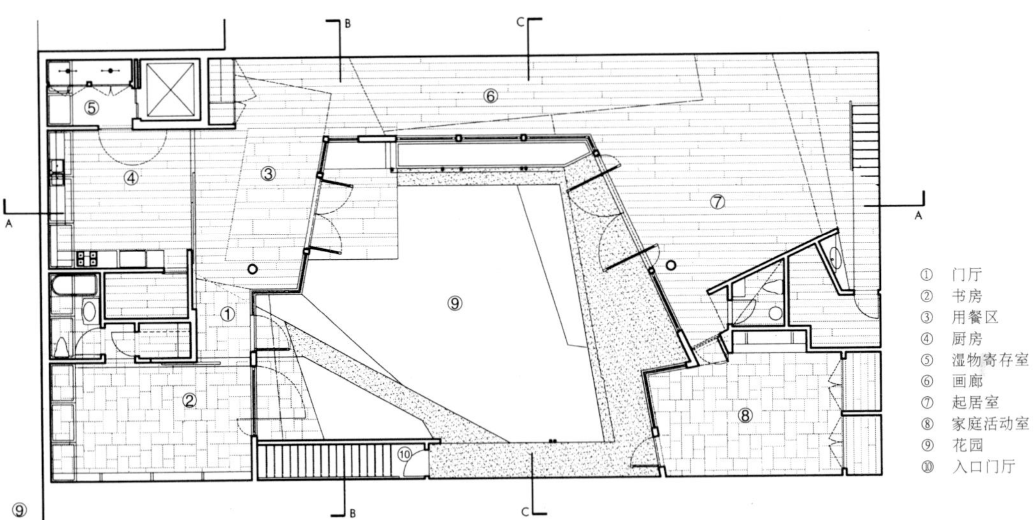

⑦ 餐厅，旁边是厨房
⑧ 起居室
⑨ 第三层平面图
⑩ 卧室层楼梯大厅景观
⑪ 从下画廊朝起居室方向看到的景观

摄影：崔哲浩摄影工作室（Chuck Choi Photography），建筑摄影工作室（Architectural Photography）

摩尔·卢布·尤代尔（Moore Ruble Yudell）

尤代尔－毕比住宅

美国，加利福尼亚，海上牧场

房屋面积：2100平方英尺／195平方米

材　　料：混凝土，木料，金属，灰泥

这幢房子贴切地回应了北加利福尼亚海岸那崎岖不平的环境中的韵律、质地和材料。一对建筑师和艺术家夫妇为自己设计了这幢房子，他们试图创造一个这样地方：既精致，又很随意，既宁静，又有丰富多彩的发现。

房子的各个部分都回应了它特殊的场地条件。东面呈现了一个粗糙不平的入口，是对西面的现代派解释。南面通向太平洋，有完全或部分的阴影。西面提供了屏障，从房子穿过草地，同时通过适宜居住的海湾给水和岩石加上了一个画框。北面被打造为一个私密的庭院，可以看到山景。土生土长的野草和岩石组成了一个花园，暗示了山与海之间的关联；把它们连在一起的，是那条通过房子中心的暗含通道。

窗户构成了框架，框住了远近的景观，并赞美了光的运动和漂洗。工作室的高塔和烟囱收集光线，并使得自然对流成为可能，同时遵守了建筑指南的高度限制。

这幢房子与它的环境和谐一致，颂扬了工艺和场地，使之成为一个退隐之地，用于安静的沉思，或热闹的社交。

❶

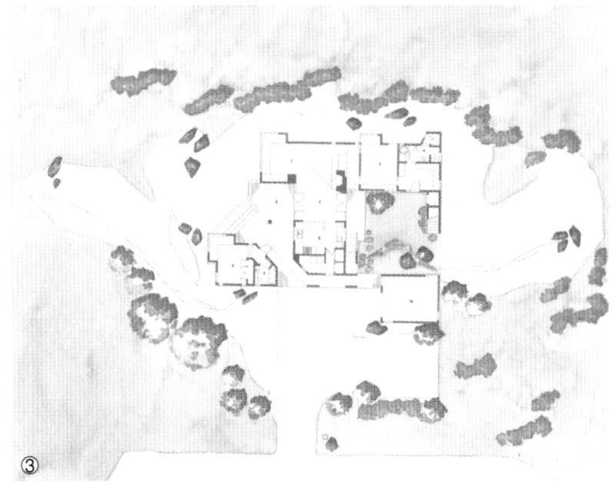

① 房子借助它的接合部、尺度和材料调色板，像羽毛一样飘浮在风景中
② 在草地一侧，屋顶向地面倾斜，同时海湾框定了朝海的景观
③ 场地平面图接合了不同层级的场地和庭院，回应了不同的地基和环境导向
④ 临街正面对“西”正面给出了具有强烈几何感的现代解释
⑤ 房子既使邻近的陆地与低处的海湾融为一体，也用书房“塔楼”标示出了它所在的地方

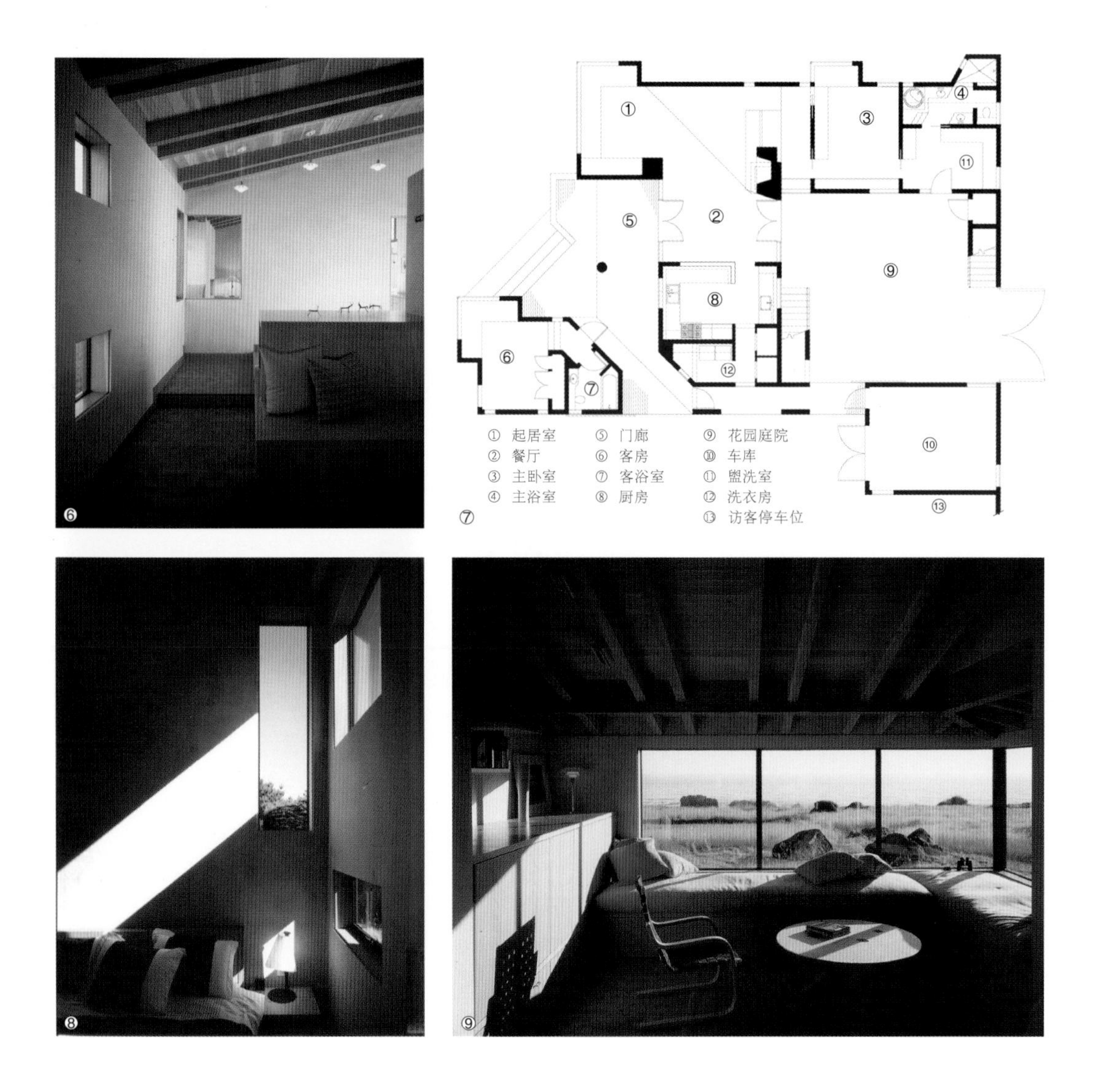
⑥
① 起居室
② 餐厅
③ 主卧室
④ 主浴室
⑤ 门廊
⑥ 客房
⑦ 客浴室
⑧ 厨房
⑨ 花园庭院
⑩ 车库
⑪ 盥洗室
⑫ 洗衣房
⑬ 访客停车位
⑦
⑧
⑨

⑥ 灯和景观在空间上分出了层次
⑦ 楼层平面图把平静的空间组织成了一片由室内、室外和过渡区域组成的复杂波浪
⑧ 切分的隙缝框住了风景和喜庆的灯光
⑨ 临近的海湾提供了地方，使人可以居住在向风景转换的过渡区
⑩ 壁炉既固定了空间、光和运动的关系，也是这些关系的枢纽

摄影：基姆·兹瓦兹（Kim Zwarts）

图书在版编目(CIP)数据

世界上最美的100幢房子 / (澳) 斯莱塞(Slessor,C.) 编 ；秦传安译.
——北京 ：中央编译出版社，2012.7
ISBN 978-7-5117-0758-1

Ⅰ. ①世…
Ⅱ. ①斯… ②秦…
Ⅲ. ①建筑艺术－世界
Ⅳ. ① TU-861

中国版本图书馆 CIP 数据核字(2012)第108203号

世界上最美的100幢房子

责任编辑：陈　肃　曲建文
责任印制：尹　珺
出版发行：中央编译出版社
地　　址：北京西城区车公庄大街乙5号鸿儒大厦B座（100044）
电　　话：（010）52612345（总编室）　（010）52612370（编辑室）
（010）66130345（发行部）　（010）52612332（网络销售部）
（010）66161011（团购部）　（010）66509618（读者服务部）
网　　址：www.cctpbook.com
经　　销：全国新华书店
印　　刷：北京国邦印刷有限责任公司
开　　本：787毫米×1092毫米　1/16
字　　数：73千字
印　　张：19.75
版　　次：2012年7月第1版第1次印刷
定　　价：128.00元

凡有印装质量问题，本社负责调换。电话010-66509618